Hochduktile Betone mit Kurzfaserbewehrung

Entwicklung • Prüfung • Anwendung

Ultra-ductile concrete with short fibres

Development • Testing • Applications

Herausgeber
Prof. Dr.-Ing. Viktor Mechtcherine, TU Kaiserslautern

Hochduktile Betone mit Kurzfaserbewehrung

Entwicklung • Prüfung • Anwendung

Ultra-ductile concrete with short fibres

Development • Testing • Applications

Mit Beiträgen von / with contributions by:

Prof. Dr. Gregor Fischer
Michael Lepech, MSc
Prof. Dr. Victor C. Li
Prof. Dr.-Ing. Viktor Mechtcherine
Prof. Dr. Jan G. M. van Mier
Prof. Dr. Antoine E. Naaman
Prof. Dr.-Ing. Prof. h. c. Dr.-Ing. E. h. Hans-Wolf Reinhardt
Prof. Dr. Keitetsu Rokugo
Dr. rer. nat. Joachim Schulze
Dipl.-Ing. Patrick Stähli
Prof. Dr. rer. nat. Dr.-Ing. E. h. Folker H. Wittmann
Prof. Dr.-Ir. Gideon van Zijl

ibidem-Verlag
Stuttgart

Bibliografische Information Der Deutschen Bibliothek

Die Deutsche Bibliothek verzeichnet diese Publikation in der Deutschen Nationalbibliografie; detaillierte bibliografische Daten sind im Internet über <http://dnb.ddb.de> abrufbar.

∞

Gedruckt auf alterungsbeständigem, säurefreien Papier
Printed on acid-free paper

ISBN: 3-89821-583-0

Printed in Germany

Vorwort

Herkömmlicher Beton hat viele Vorzüge, die diesen Werkstoff zum meist verwendeten Baustoff unserer Zeit machen. Er hat allerdings einen wesentlichen Nachteil: Beton ist spröde, d. h. er versagt ohne Vorankündigung durch größere nichtelastische Verformungen. Dies hat einen negativen Einfluss auf die Tragfähigkeit, die Sicherheit und auch die Dauerhaftigkeit von Beton-, Stahlbeton und Spannbetonbauwerken. Eine konventionelle Faserbewehrung verringert zwar die Sprödigkeit des Betons, ist aber häufig ineffektiv und kann keine vollständige Lösung der mit der Rissbildung in Beton einhergehenden Probleme herbeiführen. In den letzten Jahren ist es jedoch gelungen, auf der Basis bruchmechanischer Ansätze und mikromechanischer Modellierung, eine neue Generation von Faserbetonen zu entwickeln, die ein ausgeprägtes duktiles Verhalten aufweisen.

Hochduktile Betone mit Kurzfaserbewehrung sind zementgebundene Hochleistungswerkstoffe, die unter Zugbeanspruchung eine Verfestigung aufweisen und eine im Vergleich zu gebräuchlichen Faserbetonen mehr als 300-mal höhere Bruchdehnung besitzen. Die Form der Spannungs-Dehnungsbeziehung ähnelt der eines Stahls. Neben einer hohen Verformungsfähigkeit und im Vergleich zu konventionellem Beton deutlich höheren Biegezug- und Schubfestigkeit weisen hochduktile Betone bis zur Bruchdehnung von ca. 5 % immer noch sehr geringe Rissöffnungen auf, was eine sehr hohe Dauerhaftigkeit dieser Werkstoffe mit sich bringt. Die exzellenten Eigenschaften können bei Verwendung von Kunststofffasern bereits bei Fasergehalten unter 2 Vol.-% erreicht werden, was für ein günstiges Kosten-Leistungsverhältnis sorgt.

Die Entwicklung von hochduktilen Betonen bietet qualitativ neue, vielfältige Möglichkeiten in Bezug auf die Konstruktion und Bemessung von Betonbauteilen bzw. -bauwerken sowie die Instandsetzung und Umnutzung von bestehenden Bauten. Leichte dünnwandige Bauteile, Elemente für stoßartige, energiereiche Beanspruchung, verformungswillige Bauteile und hochduktile Reparaturmörtel sind nur einige der derzeitigen und künftigen Anwendungen.

Der vorliegende Tagungsband, der die Beiträge des gleichnamigen Symposiums an der Technischen Universität Kaiserslautern enthält, bietet eine kompakte, zusammenfassende Darstellung des aktuellen Standes der Entwicklung, Prüfung und Anwendung hochduktiler Betone mit Kurzfaserbewehrung. Die Autoren – international anerkannte Fachleute – beleuchten in ihren Beiträgen sowohl die wichtigsten theoretischen Grundlagen als auch einschlägige praxisrelevante Fragestellungen in Bezug auf diesen neuen, viel versprechenden Baustoff. Das Buch soll die Weiterentwicklung dieser progressiven Betontechnologie anregen sowie Impulse für deren schnelleren Transfer in die Praxis geben.

Kaiserslautern, Oktober 2005

Viktor Mechtcherine

Danksagung

Für die tatkräftige Unterstützung bei der Organisation des Symposiums „Hochduktile Betone mit Kurzfaserbewehrung“ am 20.10.2005 an der TU Kaiserslautern sei dem Deutschen Ausschuss für Stahlbeton (DAfStb) und der BetonMarketing Süd GmbH herzlich gedankt.

Inhaltsverzeichnis

Hans-Wolf Reinhardt, Antoine E. Naaman
Geschichtliche Entwicklung hochduktiler Betone mit Kurzfaserbewehrung 1

History of the development of highly ductile concrete with fibre reinforcement

Viktor Mechtcherine, Joachim Schulze
Hochduktiler Beton – Baustoffliche Grundlagen und Prüfung der Eigenschaften 11

Ultra-ductile concrete – Material Design and Testing

Gideon van Zijl
Optimierung der Zusammensetzung und Herstellung, Anwendungen für Betonfertigteile 37

Optimisation of the composition and fabrication methods; Applications for precast concrete members

Jan G. M. van Mier, Patrick Stähli
Entwicklung von Betonen mit Hybrid-Fasern: Herstellung, Materialgefüge und mechanische Eigenschaften 55

Development of Hybrid Fibre Concrete: Manufacturing, Material Structure and Mechanical Properties

Gregor Fischer
Anwendung von Engineered Cementitious Composites (ECC) im konstruktiven Ingenieurbau 69

Structural Applications of Engineered Cementitious Composites (ECC)

Folker H. Wittmann
Anwendungen eines neuen Werkstoffs – SHCC 87

Applications of a New Material – SHCC

Victor C. Li, Michael Lepech
Engineered Cementitious Composites: Werkstoffentwicklung, Leistungsfähigkeit und Anwendungen 99

Engineered Cementitious Composites: Design, Performance and Applications

Keitetsu Rokugo
Zementgebundene Verbundwerkstoffe mit Dehnungsverfestigung und multipler Rissbildung – Bauliche Anwendungen in Japan 121

Applications of Strain Hardening Cementitious Composites with Multiple Cracks in Japan

Geschichtliche Entwicklung hochduktiler Betone mit Kurzfaserbewehrung

History of the development of highly ductile concrete with fibre reinforcement

Hans-Wolf Reinhardt, Antoine E. Naaman

Synopsis

Der Beitrag gibt einen Überblick über die Entwicklung hochduktiler Betone mit Kurzfaserbewehrung. Ausgehend von den ersten Anfängen am Ende des 19. Jahrhunderts werden Fasergeometrien vorgestellt, die von verschiedenen Forschern entwickelt und patentiert wurden. Dies betrifft hauptsächlich Stahlfasern. Auch Fasern anderer Werkstoffe werden angesprochen. Von dem üblichen Faserbeton ging die Entwicklung weiter zu HPFRCC (High Performance Fibre Reinforced Cement Composite), der unterschiedliche Charakteristiken aufweisen kann. HPFRCC kann als Komposit mit Dehnungsverfestigung hergestellt werden. Das sind heute die unter dem Begriff ECC (Engineered Cementitious Composite) bekannten Verfahren. Es kann aber auch ein Komposit mit einer sehr hohen Zugfestigkeit und Dehnungsentfestigung entworfen werden, wie z. B. Ductal®. Am Ende des Beitrags wird ein Vorschlag zur Kategorisierung von zugverfestigenden HPFRCC gemacht.

The paper gives an overview of the development of highly ductile concretes with short fibre reinforcement. The paper starts with the first attempts at the end of 19th century when fibres were developed and patented by various researchers. This concerns mainly steel fibres. Fibres of other materials are also addressed. From the usual fibre concrete, the development went to HPFRCC (High Performance Fibre Reinforced Cement Composite) which can have different characteristics. HPFRCC is designed with a large strain hardening which can be rubricated as ECC (Engineered Cementitious Composite) but it can also be made as a composite with a very high tensile strength and strain-softening, such as Ductal®. At the end of the paper, a proposal is made for categorizing strain hardening HPFRCC.

Prof. Dr.-Ing. Prof. h. c. Dr.-Ing. E. h. Hans-Wolf Reinhardt, Institut für Werkstoffe im Bauwesen, Universität Stuttgart, Stuttgart, Deutschland

Prof. Dr. Antoine E. Naaman, Department of Civil and Environmental Engineering, University of Michigan, Ann Arbor, USA

1 Einleitung

Der Zusatz von Fasern zu einem mineralischen Bindemittel ist nicht neu. Haare und Stroh wurden seit Jahrhunderten dem Mörtel zugegeben, um die Nachrissfestigkeit zu erhöhen. Adobe wird mit Stroh bewehrt, um die Standfestigkeit bei wiederholten Feuchte- und Temperaturänderungen zu verbessern. Josef Lambot bewehrte seine ersten Betonprodukte, z. B. Kähne, mit einem kontinuierlichen Maschengewebe. Auch Monier verwendete für seine ersten Blumenkübel Hühnerdraht, um die Nachrissfestigkeit zu verbessern. Die Idee von faserbewehrtem Beton war und ist immer, die Duktilität zu erhöhen. In einem Komposit (Verbundwerkstoff) ist dies auf zweierlei Arten möglich: erstens kann eine duktile Faser dem Beton zugegeben werden, die sich bei Rissbildung der Matrix dehnt, oder zweitens, es wird eine hochfeste Faser zugegeben, die bei einem Riss aus der Matrix herausgezogen wird. Im ersten Fall vertraut man auf die Duktilität des Werkstoffs, im zweiten Fall wird die Reibung zwischen Faser und Beton bzw. der Ausziehwiderstand aktiviert.

2 Geschichte der Faserentwicklung

Geht man in der Geschichte ins 19. Jahrhundert zurück, so findet man als erstes Patent das von Berard in Kalifornien 1872 (diese und die folgenden Daten stammen aus [1]). Er schlägt vor, Stahlspäne dem Beton zuzufügen, um einen Kunststein zu produzieren. Kleinlogel schlägt in Deutschland 1920 vor, etwa 2 mm lange Stahlfasern dem Beton in einer Menge von 50 Vol.-% zuzugeben, um einen formbaren Stahlersatzwerkstoff herzustellen, der auch maschinell bearbeitet werden kann. Alfsen erhält 1918 ein US-Patent für die Zugabe von kleinen Stahlfasern, Holzfasern oder Fasern aus anderem Material, um die Zugfestigkeit von Beton zu erhöhen. Mischke-Smith (1920) geben glatte, verdrehte Fasern dem Beton zu. Martin (1927) erhöht die Festigkeit von Betonröhren durch die Zugabe von glatten oder gewellten Abschnitten von Stahldraht. Etheridge erhält 1933 ein US-Patent für die Herstellung und den Einsatz von ringförmigen Fasern, um örtliche Risse und den Bruch des Betons zu vermeiden. Constantinesco erreicht 1943 in Großbritanien ein Patent für raupenförmige Stahlfasern, die den Risswiderstand und die Energieaufnahme von Beton vergrößern sollen. Sie werden in Panzern, in Bunkern und Maschinenfundamenten eingesetzt. Romualdi und Batson bekommen 1963 ein US-Patent für die Anwendung von verschiedenen Fasern in Beton, um die Rissbildung zu behindern und die Energieaufnahme nach der Rissbildung zu erhöhen. Schließlich ist zu erwähnen, dass Naaman seine gedrehte Faser ebenfalls patentieren ließ [2]. Diese erhöht vor allem die Duktilität eines Faserbetons.

Es ist immer das Ziel der Faserentwicklung gewesen, solche Fasern zu produzieren, die bei Rissbildung des Betons nicht reißen, sondern herausgezogen werden. Der Ausziehwiderstand sollte möglichst groß sein, damit die Risse klein bleiben und die Nachrissfestigkeit hoch ist. Abbildung 1 zeigt die Formgebung von Stahlfasern, die heute gebräuchlich sind. Es gibt gerippte oder gekerbte Fasern, Fasern mit Endverankerungen in Form eines Hakens, eines konischen, eines runden oder eckigen Kopfes und es gibt gewellte Fasern.

Neben Stahl werden natürlich auch andere Materialien eingesetzt. Um Rissen im jungen Beton entgegenzuwirken, hat sich die Verwendung von Kunststofffasern (PVA oder PP) bewährt. Obwohl deren Elastizitätsmodul deutlich niedriger als von erhärtetem Beton ist, ist er doch im jungen Beton groß genug, um die Wirkung der Fasern zu erzeugen. Kunststofffasern mit hohem E-Modul, wie z. B. Aramid, Carbon oder HDPE (Polyethylen mit hoher Dichte), sind für die Bewehrung von Beton sehr geeignet. Abbildung 2 zeigt eine Auswahl von solchen Fasern.

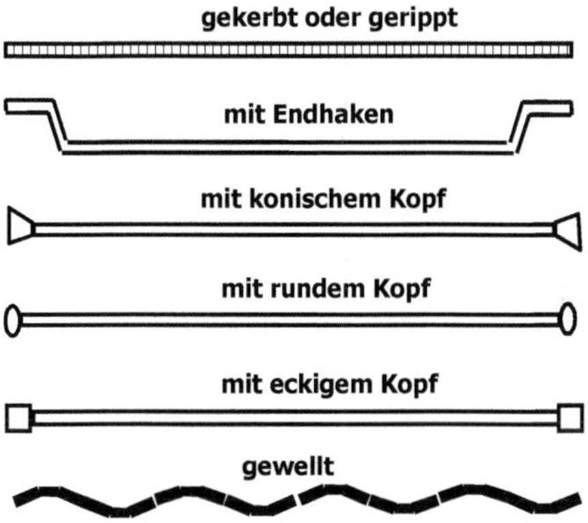

Abb. 1 *Fasergeometrien*
Figure 1 *Fibre geometry*

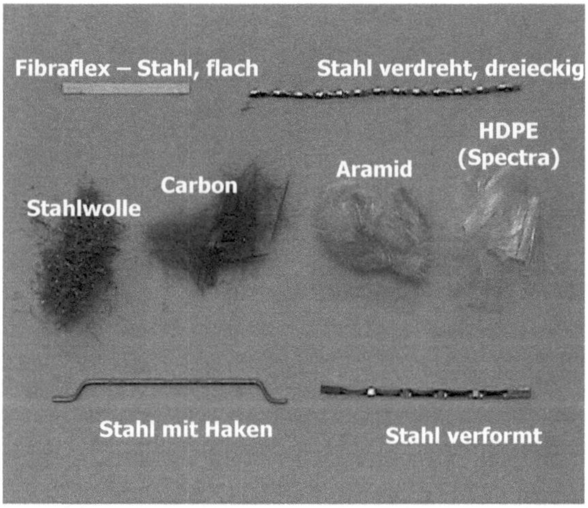

Abb. 2 *Verschiedene Fasern*
Figure 2 *A selection of fibres*

Neben künstlichen Fasern können auch natürliche organische Fasern eingesetzt werden, die von Jute, Sisal, Bagasse oder Bambus stammen. Früher waren auch Asbestfasern sehr verbreitet, die hohe Festigkeit mit dünnem Querschnitt verbanden. Aus Gründen des Gesundheitsschutzes sind diese heute nicht mehr im Einsatz. Dafür wurden Steinfasern (Steinwolle) entwickelt, die die Asbestfasern ersetzen. Auch Glas ist heute noch vielfach im Einsatz, das jedoch als AR-Glas (alkaliresistent) verwendet werden muss, denn normales Fensterglas (Natronglas) löst sich in der stark alkalischen Porenlösung auf.

Der Vorteil von Kurzfasern ist, dass diese in den Beton eingemischt werden wie Zuschlagstoffe. Man braucht also keine Handarbeit zur Verlegung von Bewehrung. Der Nachteil ist, dass die Kurzfasern in alle Richtungen zeigen und somit nicht die beste Bewehrungsführung darstellen. Heutige Entwicklungen gehen dahin, Bewehrungsnetze aus Kunststoffen so zu formen, so dass eine dreidimensionale Bewehrungseinheit zustande kommt, die möglichst in der Richtung der auftretenden Zugspannungen liegen soll. Dies ist die Entwicklung des Textilbetons.

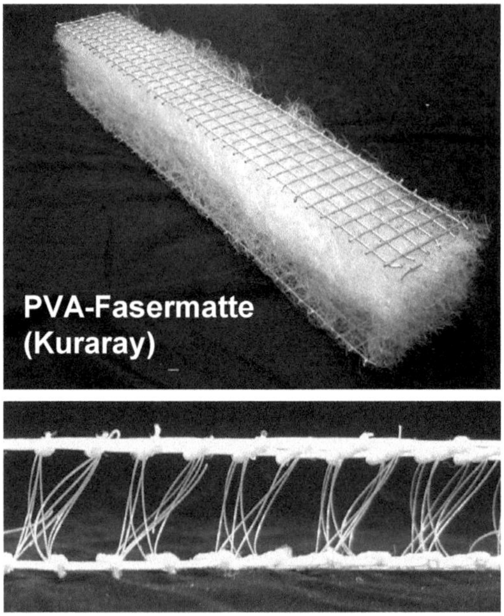

Abb. 3 *Dreidimensionale Bewehrung (nach ITA, RWTH Aachen)*
Figure 3 *Three-dimensional reinforcement (acc. to ITA, RWTH Aachen)*

3 Vom Faserbeton zum HPFRCC

HPFRCC (High Performance Fibre Reinforced Cement Composite) hat sich eingebürgert als Bezeichnung für einen Hochleistungsverbundwerkstoff mit Zementmatrix. Abbildung 4 zeigt die möglichen Varianten von Faserbeton. Man kann die Komposite unterscheiden in solche, die zugdehnungsentfestigend sind, und solche, die zugdehnungsverfestigend sind.

Trotz der Zugdehnungsentfestigung können sie bei der Durchbiegung verfestigend oder entfestigend sein, wie das rechte untere Schaubild zeigt. Dies hängt jeweils hauptsächlich vom Fasergehalt im Komposit ab. Die zugdehnungsverfestigenden haben immer einen Fasergehalt, der größer als der kritische Fasergehalt ist, so dass eine Spannungsdehnungslinie zustande kommt, wie oben rechts gezeigt. Zur Unterscheidung von Kompositen können natürlich auch andere Kriterien herangezogen werden, z. B. die Festigkeit, die Dehnung bei der Höchstlast, das Rissverhalten, die Duktilität, die Energieaufnahme, die Dauerhaftigkeit oder auch die Kosten. Ductal®, das eine hohe Zugfestigkeit besitzt und dennoch zugentfestigend ist, würde zum Beispiel auch in die Klasse der HPFRCC gehören.

Abbildung 5 zeigt schematisch einige Zugspannungsdehnungslinien von verschiedenen Faserbetonen. Die PVA-Faser verstärkt die Zementmatrix wenig, nur im Nachbruchverhalten hat sie einen deutlich positiven Effekt, indem sie die Duktilität erhöht. Die Spectra-Faser zeigt ein langes Plateau, d. h. die Festigkeit wird zwar wenig erhöht, aber die Dehnfähigkeit wird drastisch vergrößert und damit auch die Bruchenergie. Die Torex-Faser, das ist eine im Querschnitt dreieckigförmige verdrehte Stahlfaser, erhöht die Zugfestigkeit auf etwa 6 N/mm^2. Auch die Duktilität wird deutlich erhöht. Die Abbildung gibt auch den Einfluss der Größe eines Probekörpers wieder. Ein langer Probekörper verhält sich in der Regel immer weniger duktil als ein kurzer Probekörper.

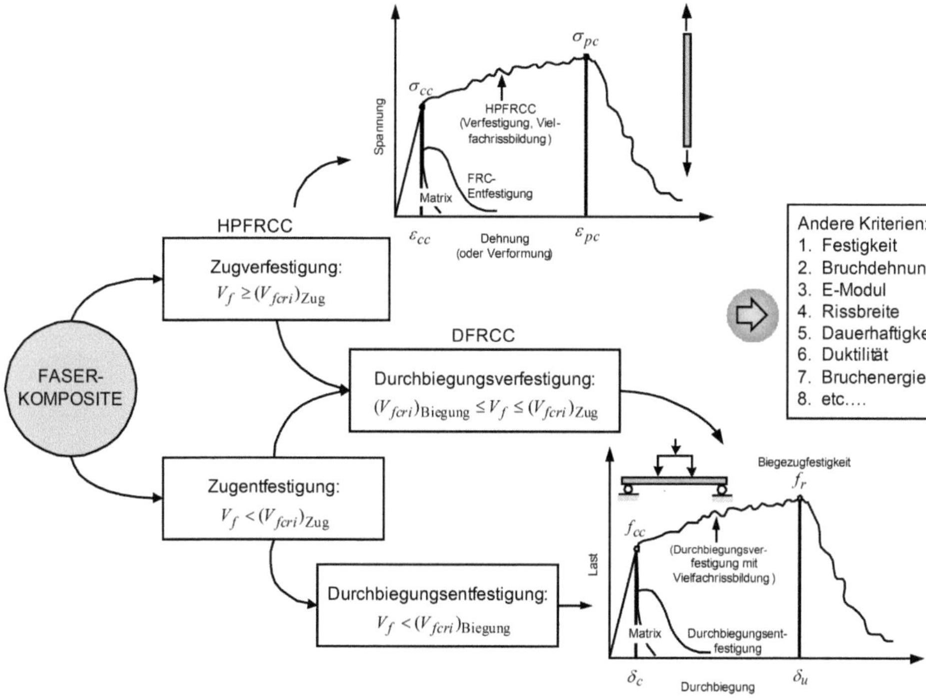

Abb. 4 *Einteilung von Faserkompositen [3]*
Figure 4 *Division of fibre composites [3]*

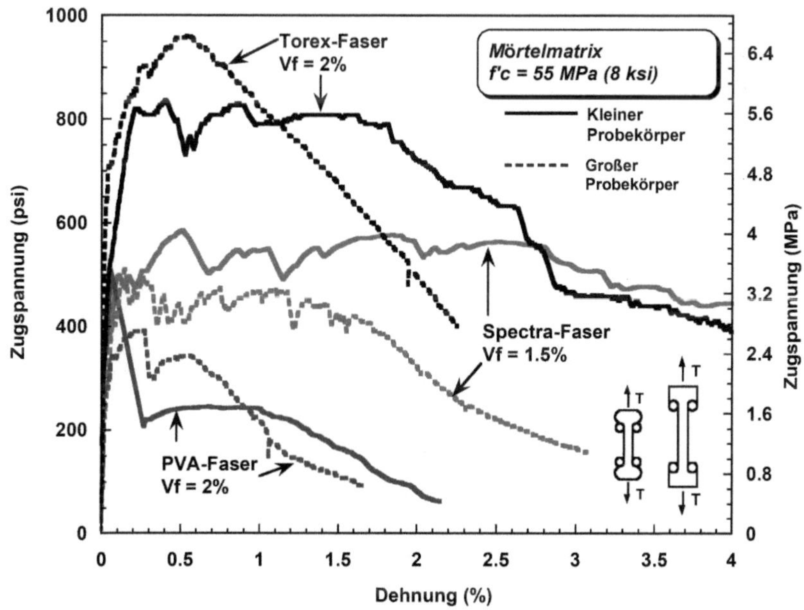

Abb. 5 *Versuchsergebnisse von Faserbeton [3]*
Figure 5 *Test results of fibre concrete [3]*

Neben den Faserbetonen, bei denen die Fasern eingemischt werden, wurden auch solche entwickelt, die aus einem vorgefertigten Faserfilz oder auch Fasermatten bestehen, die mit einer Zementsuspension verfüllt werden. Abbildung 6 zeigt dazu ein Beispiel von Versuchsergebnissen. Die üblichen Bezeichnungen dafür sind SIFCON (Slurry Infiltrated Fibre Concrete) oder SIMCON (Slurry Infiltrated Mat Concrete). Diese Komposite haben wesentlich höhere Zugfestigkeiten und ein Rissverhalten, das durch feine, eng nebeneinanderliegende Risse gekennzeichnet ist. Eine besondere Entwicklung stellt ECC (Engineered Cementitious Composite) dar.

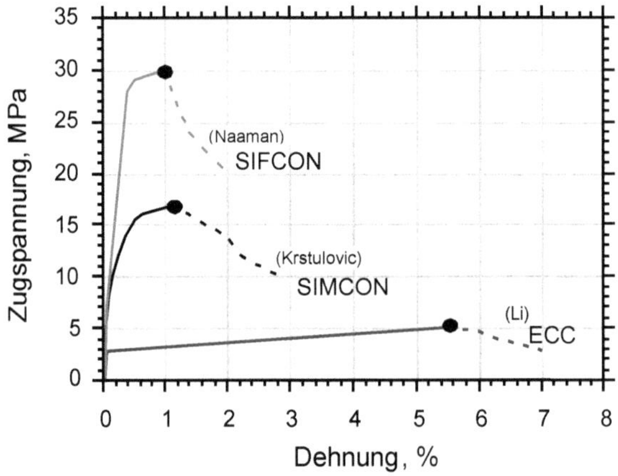

Abb. 6 *Versuchsergebnisse von SIFCON, SIMCON und ECC*
Figure 6 *Test results of SIFCON, SIMCON and ECC*

Bei diesem Komposit wird versucht, nicht die Zugfestigkeit zu erhöhen, sondern das Dehnvermögen, und dabei auch eine engliegende Rissbildung zu erzeugen. Abbildung 7 zeigt ein Versuchsergebnis. Zu sehen ist eine Dehnung von 5% bei praktisch gleichbleibender Spannung. Trägt man dazu die Rissbreite auf, so zeigt Abbildung 8, dass diese von etwa 60 bis 70 μm beträgt. Das sind Rissbreiten, die mit dem bloßen Auge nicht wahrnehmbar sind.

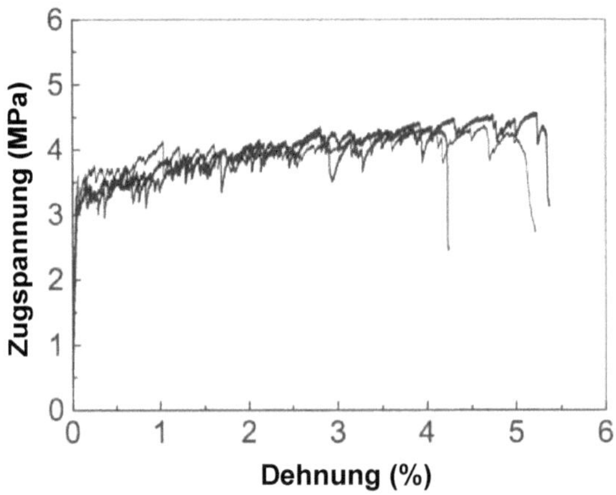

Abb. 7 *Spannungs-Dehnungskurve von ECC [4]*
Figure 7 *Stress-strain curve of ECC [4]*

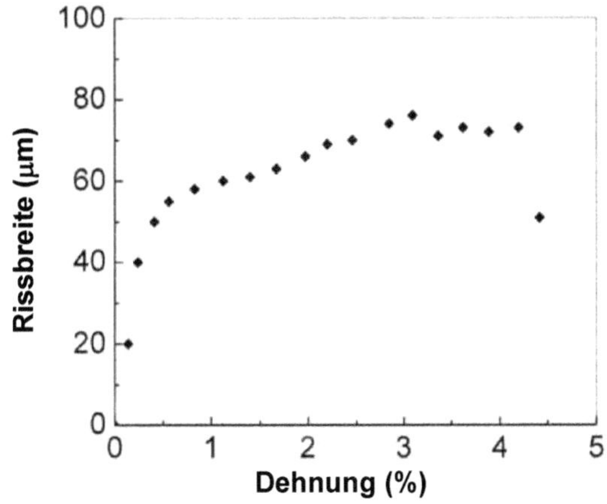

Abb. 8 *Rissbreite von ECC [4]*
Figure 8 *Crack width of ECC [4]*

4 Klassifikation von Faserkompositen

Faserkomposite können durch verschiedene Eigenschaften charakterisiert werden. Typische Spannungsdehnungs- oder Spannungsrissöffnungsbeziehungen zeigt Abbildung 9. In der linken Hälfte ist eine dehnungsverfestigende Variante gezeigt, in der rechten Abbildung eine dehnungsentfestigende. Der Punkt 1 gibt jeweils die Erstrissbildung an. Beim dehnungsverfestigenden Werkstoff steigt die Spannung weiter bis zum Punkt 3, wo die Höchstlast erreicht ist. Bei der dehnungsentfestigenden Variante fällt die Spannung sofort auf den Punkt 4 und schließlich auf den Punkt 7, wo die Fasern herausgezogen sind. Die dehnungsverfestigende Variante geht jedoch vor dem Bruch ebenfalls in eine Dehnungsentfestigung über, so dass Abbildung 10 vollständig gezeichnet werden kann für eine allgemeine Darstellung der Spannungsverformungslinie von Faserverbundwerkstoffen.

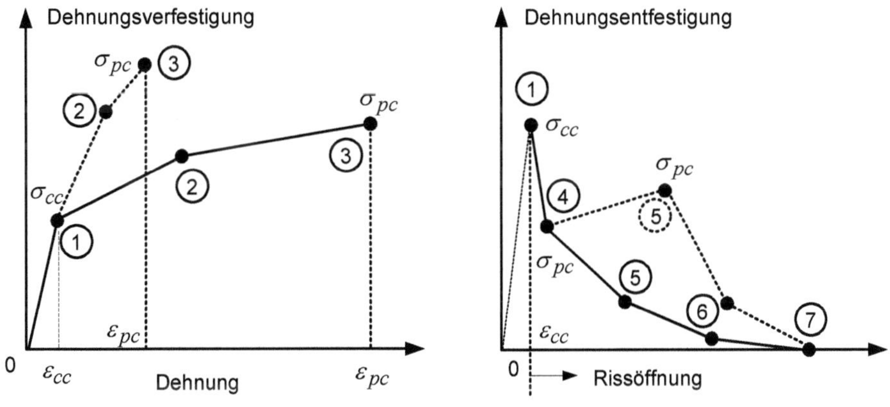

Abb. 9 *σ-ε-Linie, a) dehnungsverfestigend, b) dehnungsentfestigend [3]*
Figure 9 *σ-ε-curve, a) strain hardening, b) strain softening [3]*

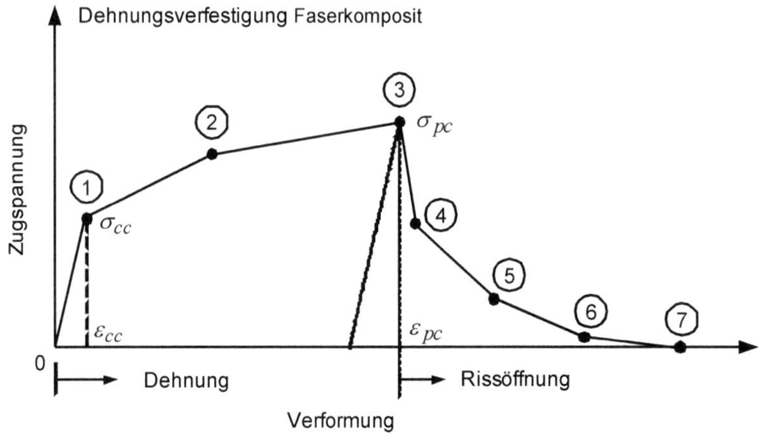

Abb. 10 *Vollständige σ-ε-Linie eines dehnungsverfestigenden Faserverbundwerkstoffs [3]*
Figure 10 *Complete σ-ε-curve of a strain hardening fibre composite [3]*

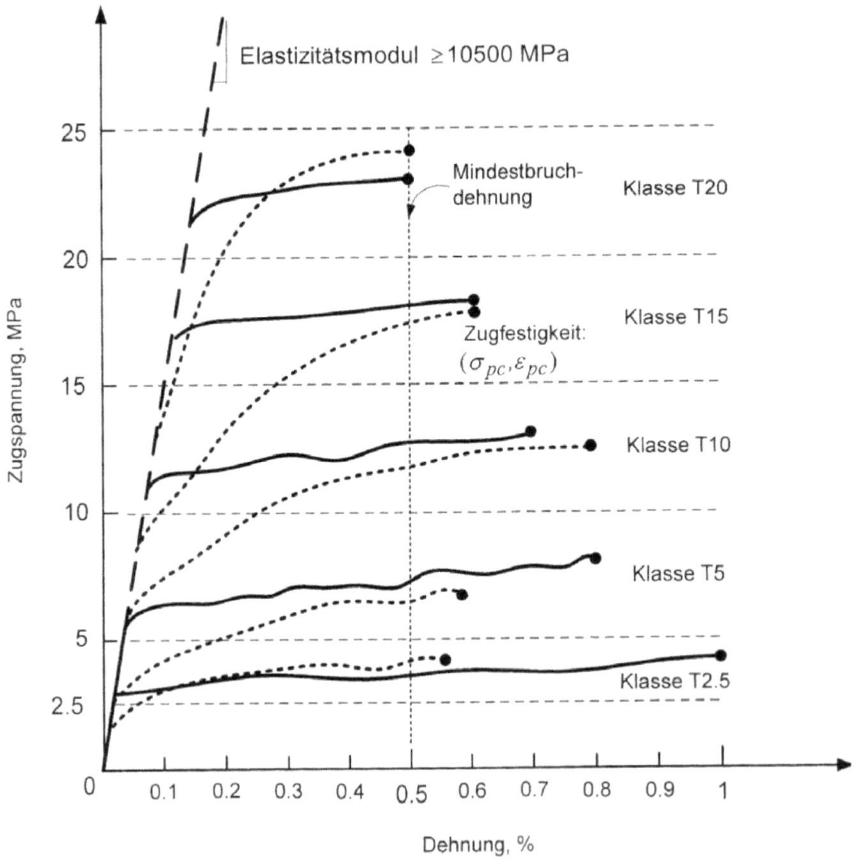

Abb. 11 *Einteilung von HPFRCC in T-Klassen [3]*
Figure 11 *Division of HPFRCC in T-classes [3]*

Die beiden Diagramme, Abbildungen 9 und 10, sind gekennzeichnet durch einen Anfangs-Elastizitätsmodul bis zur Dehnung ε_{cc}. Dort erscheinen Risse, die sich weiterentwickeln bis zur Höchstlast σ_{pc}. Beim dehnungsverfestigenden Verbundwerkstoff sind die Risse so klein, dass sie mit dem bloßen Auge nicht gesehen werden können. Erst ab dem Punkt 3, mit σ_{pc} angedeutet, fällt die Spannung ab, bis beim Punkt 7 die gesamten Fasern ausgezogen sind.

Genauso wie bei der Einteilung des normalen Betons in Druckfestigkeitsklassen, die mit C angedeutet werden, kann man sich eine Einteilung von verfestigendem Faserverbundwerkstoff in T-Klassen vorstellen. Diese werden gekennzeichnet durch die Zugspannung, die sie ertragen können. Ein Vorschlag könnte aussehen, wie in Abbildung 11 dargestellt.

Für alle Klassen wird derselbe Elastizitätsmodul angegeben mit einer Größe von 15000 N/mm^2. Dieser Wert klingt willkürlich, liegt jedoch sehr nahe bei dem in DIN 1045-1 angegebenen Wert für einen C20/25, wenn die bilineare σ-ε-Linie verwendet wird. Danach folgt eine Dehnungsverfestigung, die mehr oder weniger stark ausgeprägt ist. Der genaue Verlauf der Dehnungsverfestigung hängt natürlich von der Zusammensetzung ab. Wären solche Klassen definiert, könnte der entwerfende Ingenieur davon Gebrauch machen und zug- oder biegebeanspruchte Bauteile dimensionieren.

5 Ausblick

Wo geht die weitere Entwicklung hin? Heute gibt es eine Vielzahl von leistungsfähigen Stahlfasern, aber auch von Kunststofffasern. Die Fasern werden hauptsächlich in solchen Bauteilen eingesetzt, die kein so großes Sicherheitsrisiko bergen, wie z. B. Industrieböden, oder sie werden in Kombination mit Stabstahlbewehrung eingesetzt, um die Schubtragfähigkeit zu erhöhen. Hier ist nicht so sehr die Entwicklung von neuen Fasern gefragt, als vielmehr die Entwicklung eines Bemessungskonzeptes und die zielsichere Herstellung von Faserbetonen. Dazu gehört eine gleichmäßige Faserverteilung und eine zuverlässige Fasermengendosierung. Diese Betone gehören weiterhin in die Klasse der dehnungsentfestigenden Werkstoffe. Bei den dehnungsverfestigenden Werkstoffen gibt es Nischenanwendungen, wofür solche, recht teure, Produkte eingesetzt werden können. Dies können Elemente sein, die hohen Erdbebenlasten widerstehen müssen, das können Elemente im Brückenbau sein, die hohen Ermüdungslasten ausgesetzt sein, das können Elemente sein bei der Instandsetzung von Brücken, oder solche Komposite können auch einfach dazu verwendet werden, um existierende Konstruktionen in ihrer Lebensdauer zu erhöhen. Auch hier steht nicht die Faserentwicklung im Vordergrund, sondern die Anwendung auf bestimmte praktische Probleme.

6 Literatur

[1] Naaman, A.E.: Fiber reinforcement for concrete. Concrete International Vol. 7 (1985), Nr.3, S. 21-25.

[2] Naaman, A.E.: Optimized Geometries of Fiber Reinforcements of Cement, Ceramic and Polymeric Based Composites. U.S. Patent No. 5,989,713, November 23, 1999. Divisional: US Patent No. 6,060,163; May 9, 2000.

[3] Naaman, A.E., Reinhardt, H.-W.: Proposed classification of HPFRC composites based on their tensile response. Mindess-Symposium, Vancouver, 2005.

[4] Li, V.C.: Reflections on the research and development of engineered cementitious composites (ECC). Proc. JCI Intern. Workshop on Ductile Fiber Reinforced Cementitious Composites (DFRCC) - Application and Evaluation -, Japan Concrete Institute 2002, S. 1-21.

Hochduktiler Beton – Baustoffliche Grundlagen und Prüfung der Eigenschaften

Ultra-ductile concrete – Material Design and Testing

Viktor Mechtcherine, Joachim Schulze

Synopsis

In diesem Beitrag wird zunächst die prinzipielle Vorgehensweise bei der Entwicklung bzw. Optimierung hochduktiler Betone beleuchtet – Betone, die unter einaxialer Zugbeanspruchung nach der Erstrissbildung eine ausgeprägte Verfestigung aufweisen, begleitet von größeren nichtelastischen Verformungen. Darauf aufbauend werden Ansätze für den Mischungsentwurf hochduktiler Betone mit kurzen Kunststofffasern dargestellt und Beispielrezepturen angegeben. Des Weiteren werden die Fragestellungen der Herstellung und Prüfung solcher Betone im frischen und erhärteten Zustand behandelt. Den Schwerpunkt bildet die Darstellung eines umfangreichen Untersuchungsprogramms zur Ermittlung des Einflusses diverser versuchstechnischer Parameter – Prüfkörperform und -größe, Art der Lasteinleitung, Nachbehandlung etc. – auf die gemessenen mechanischen Eigenschaften eines der entwickelten hochduktilen Betone. Auf der Basis der Erkenntnisse aus den Untersuchungen wird ein Vorschlag für die standardisierte Prüfung hochduktiler Betone und die Formulierung eines Stoffgesetzes für das Betonverhalten unter einaxialer Zugbeanspruchung unterbreitet.

The principle approach for the development resp. optimization of ultra-ductile concrete is to be highlighted in this contribution. This concerns concrete, which shows a distinct strain hardening after the onset of the first crack under uniaxial tensile stress, accompanied by pronounced non-elastic deformations. Basic approaches concerning the material design of ultra-ductile concrete with short plastic fibers will be displayed and example compositions are to be given. Furthermore, the questions concerning the manufacturing and testing of such concrete in the fresh as well as hardened state will be discussed. The main focus establishes the representation of an extensive research program for determining the influence of diverse technical parameters – specimen form and size, type of loading boundaries, curing etc. – on the measured mechanical properties of ultra-ductile concrete. Based on findings from the investigations, a proposal for standardized testing of ultra-ductile concrete as well as the formulation of a constitutive relation for the concrete behavior under uniaxial tension is to be submitted.

Prof. Dr.-Ing. Viktor Mechtcherine, Fachgebiet Baustofftechnologie und Bauschadenanalyse, Technische Universität Kaiserslautern, Kaiserslautern, Deutschland

Dr. rer. nat. Joachim Schulze, Fachgebiet Baustofftechnologie und Bauschadenanalyse, Technische Universität Kaiserslautern, Kaiserslautern, Deutschland

1 Einführung

Herkömmlicher Beton weist viele positive Eigenschaften auf, die letztendlich diesen Werkstoff zum meist verwendeten Baustoff unserer Zeit machen. Er hat aber auch einen wesentlichen Nachteil, er ist rissanfällig und spröde, d. h. er versagt ohne Vorankündigung durch größere nichtelastische Verformungen. Im konventionellen Stahl- und Spannbetonbau muss daher die Stahlbewehrung der Konstruktion das notwendige Verformungsvermögen verleihen. Jedoch können hierdurch nicht immer optimale Lösungen erzielt werden.

Es stellt sich die Frage, ob nicht der Werkstoff Beton selbst im Hinblick auf die Duktilität deutlich verbessert werden kann. Die Mühen würden sich lohnen, da sich die Duktilität eines Baustoffes sehr positiv auf die ***Tragfähigkeit der Konstruktion*** bei statischer Beanspruchung auswirkt. Als wesentliche Mechanismen sind hier Kräfteumlagerung, Spannungsumverteilung sowie das Ausbleiben der Querschnittsschwächung durch Betonabplatzungen zu nennen. Des Weiteren führt die Steigerung der Duktilität durch Vorankündigung des Versagens zu mehr Sicherheit.

Noch deutlicher sind die Vorteile eines duktileren Betons im Falle einer stoßartigen Beanspruchung: eine ausgeprägte ***Steigerung der Sicherheit*** während der starken Beanspruchung sowie die Verringerung der Reparaturkosten nach der erfolgten Beanspruchung. Abb. 1, links zeigt die schlimmen Folgen des Kobe-Erdbebens, bei dem viele Bauwerke aufgrund einer nicht hinreichenden Duktilität versagt haben.

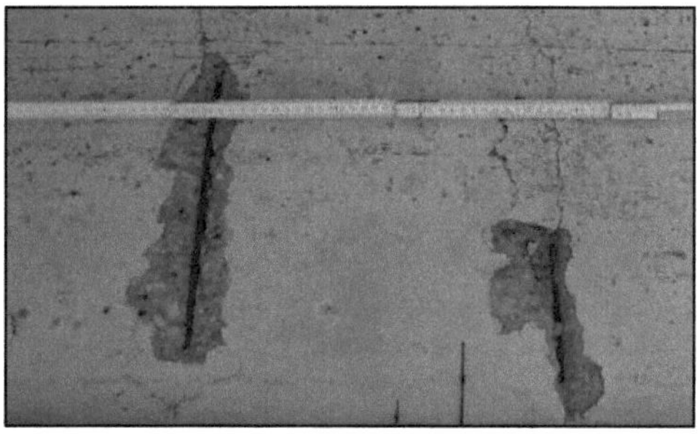

Abb. 1 *Zerstörungen infolge des Kobe-Erdbebens (links), Betonabplatzungen über korrodierender Bewehrung (rechts)*

Figure 1 *Destructions as a result of Kobe earthquake (left), spalling of concrete overlay over the corroding reinforcement (right)*

Ein weiterer Aspekt ist die ***Dauerhaftigkeit der Konstruktion***. Risse im Beton führen zu einem verstärkten Eindringen von Flüssigkeiten und Gasen, die die Stahlbewehrung angreifen. Die Bildung von Korrosionsprodukten führt zu inneren Drücken, die – je nach dem Abstand zwischen den Bewehrungsstäben – zu lokalen Betonabplatzungen (Abb. 1, rechts) oder zur flächigen Ablösung der Deckschicht führen. Diese Risse können sich im spröden Beton problemlos ausbreiten. Die Duktilität des Betons führt zur Beschränkung der Rissbreiten infolge Zwang- und Eigenspannungen sowie äußeren Kräften. Als Folge wird das Eindringen von Korrosion fördernden Flüssigkeiten und Gasen eingeschränkt. Hinzu kommt, dass feine Risse – durch Auskristallisieren von $CaCO_3$ – eine sog. „Selbstheilung“ aufweisen. Sollte dennoch die Korrosion der Stahlbewehrung in Gang gesetzt werden, sorgt die Duktilität des Werkstoffes dafür, dass die hierdurch verursachte Schädigung der Konstruktion minimal bleibt. Dies hat eine positive Auswirkung auf die Tragfähigkeit, Gebrauchsfähigkeit und das Erscheinungsbild von Betonbauteilen und Bauwerken.

Neben den möglichen Anwendungen im konstruktiven Ingenieurbau mögen die interessantesten potentiellen Einsatzgebiete die ***Instandsetzung bzw. Verstärkung*** von Betonbauwerken und die Herstellung von ***dünnwandigen Bauteilen*** (Fassadenelemente, Rohre, integrierte Schalungen, Schallschutzwände etc.) darstellen.

2 Baustoffliche Grundlagen und Zusammensetzung

2.1 Grundsätzliche Vorgehensweise

Die effektivste Maßnahme zur Steigerung der Duktilität des Betons ist die Faserzugabe. Konventioneller Faserbeton weist jedoch im Vergleich zum unbewehrten Beton in der Regel keine höhere Bruchdehnung, sondern lediglich ein gutmütigeres Entfestigungsverhalten auf und kann nicht als duktiler Werkstoff bezeichnet werden.

Die Herausforderung besteht darin, einen wirklich duktilen Beton mit einem möglichst geringen Gehalt an kurzen Fasern herzustellen. Eine rein empirische Vorgehensweise ist hier – aufgrund der Parametervielzahl – nicht Ziel führend. Was unbedingt gebraucht wird, ist eine durchgehende Modellierung des Werkstoffes auf unterschiedlichen Betrachtungsebenen: von der Makroebene, über die Meso- bis zur Mikroebene (und in Zukunft auch Nanoebene), siehe Abb. 2.

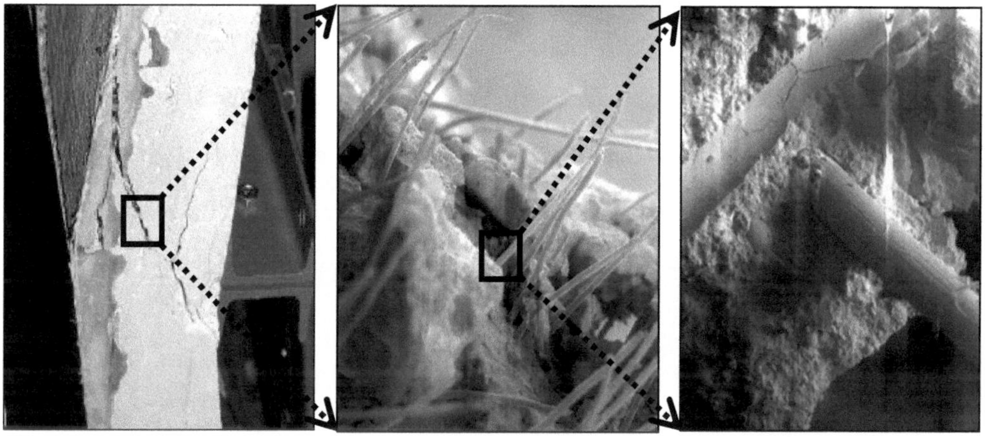

Abb. 2 *Betrachtung des Bruchverhaltens von Beton auf unterschiedlichen Ebenen*
Figure 2 *Consideration of concrete fracture behaviour at different levels*

Die Betrachtungsebene, die die Praktiker verständlicherweise am meisten interessiert, ist die Makroebene, auf der Werkstoffe als homogen angesehen werden. Auf dieser Ebene kann Beton als duktil bezeichnet werden, wenn sich nach Bildung des ersten Risses keine Entfestigung einstellt, sondern eine Zunahme der Verformung bei zunehmender Spannung erfolgt, eine sog. Dehnungsverfestigung, siehe Abb. 3.

Hierzu müssen die Fasern in der Erstrissebene die einwirkende Spannung σ_1 vollständig übernehmen und eine weitere Steigerung der Beanspruchung ermöglichen. Mit steigender Spannung entsteht dann der zweite Riss an der zweitschwächsten Stelle der Matrix, der dritte Riss etc. Diese multiple Rissbildung setzt sich fort, bis die Riss überbrückende Wirkung der Fasern in einer der Rissebenen ausgereizt ist. Die Zugfestigkeit f_t des Betons ist erreicht. Dann tritt eine Lokalisierung des Versagens ein: ein Makroriss öffnet sich und bildet Bruchflächen. Bei einem konventionellen Faserbeton tritt diese Lokalisierung, begleitet von einer ausgeprägten Entfestigung gleich nach der Bildung eines durchgehenden Erstrisses ein (Abb. 3).

Gleichung 1 aus [1] gibt die Bedingung für duktilen, dehnungsverfestigenden Beton wieder: Die Zugfestigkeit f_t des Verbundwerkstoffes Beton soll größer sein als die Erstrissspannung σ_1. Die Erstrissspannung σ_1 wird maßgeblich durch die Zugfestigkeit der Mörtelmatrix σ_{mu} bestimmt. Die Fasern leisten vor der Bildung des Erstrisses nur einen geringfügigen Beitrag zur Kraftübertragung.

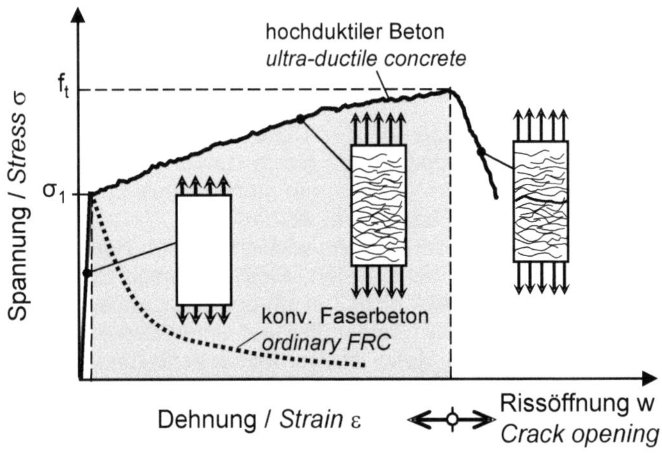

Abb. 3 *Typische Spannungs-Dehnungsbeziehung und Rissbilder von Betonen mit Dehnungsverfestigung*

Figure 3 *Typical stress-strain response and crack pattern of strain-hardening composites*

Die Zugfestigkeit f_t des Betons wird durch die Wirkung der Fasern bestimmt. Die entscheidenden Parameter sind hier das Verhältnis Faserlänge/Faserdurchmesser L/d sowie die mittlere Festigkeit des Verbundes τ zwischen Faser und Matrix. Die Koeffizienten $\alpha_1 \ldots \alpha_n$ beschreiben die Wirkung der Fasern vor und die Beiwerte $\lambda_1 \ldots \lambda_n$ nach der Rissbildung. Diese Wirkung hängt vor allem von der Faserverteilung und -orientierung ab.

$$\boldsymbol{\sigma_1} = \sigma_{mu}\cdot(1-V_f)+\alpha_1\cdot\ldots\cdot\alpha_n\cdot\tau\cdot V_f\cdot L/d \quad \leq \quad \boldsymbol{f_t} = \lambda_1\cdot\ldots\cdot\lambda_n\cdot\tau\cdot V_f\cdot L/d \qquad (1)$$

mit
- σ_1 = Erstrissspannung
- f_t = Zugfestigkeit des Betons
- V_f = Fasergehalt (Volumenanteil)
- σ_{mu} = Zugfestigkeit der Matrix
- L = Faserlänge
- d = Faserdurchmesser
- τ = mittlere Festigkeit des Verbundes Faser/Matrix

Um diese Materialkennwerte und Koeffizienten besser definieren und schließlich quantifizieren zu können, sind zunächst die Vorgänge in den einzelnen Rissebenen zu betrachten.

Die Voraussetzung für die Duktilität auf dieser Betrachtungsebene, die hier als Mesoebene bezeichnet wird, ist ein stabiles Wachstum jedes einzelnen Risses [2]. Die Wirkung der Fasern und die Zugfestigkeit bzw. Bruchzähigkeit der Matrix sind auf einander abzustimmen. Eine geringe Festigkeit der Matrix σ_{mu} ist für die stabile Rissausbreitung ein Vorteil, soll jedoch nicht zu gering sein, da sonst die Erstrissbildung zu früh erfolgt.

Die Wirksamkeit der Fasern wird u. a. durch ihre Verteilung und Orientierung bestimmt. Hier sind statistische Ansätze zur Beschreibung der Initiierung der Fasern und ihres Wirkungsgrades anzuwenden. Eine ungleichmäßige Faserverteilung und Faserkreuzungen (vgl. Abb. 4, links) mindern insgesamt die Riss überbrückende Wirkung. Diese Phänomene können auch eine Veränderung der Verankerung von einzelnen Fasern in der Matrix zur Folge hat (vgl. Abb. 4, links).

Die Zugfestigkeit des Betons wird durch die Rissebene bestimmt, die die geringste Riss überbrückende Wirkung aufweist. Dieser Zusammenhang ist in Abbildung 4 (rechts) veranschaulicht, die Verläufe der Spannungs-Rissöffnungsbeziehung für die einzelnen Rissebenen dargestellt.

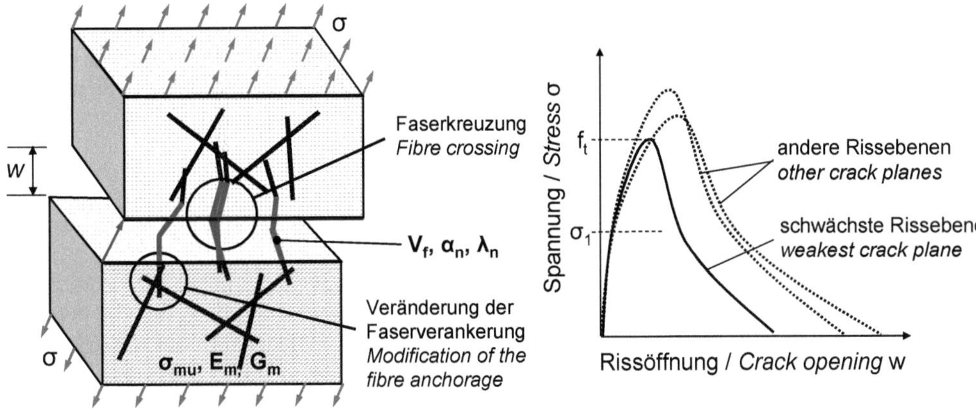

Abb. 4 *Schematische Darstellung einer Rissebene (links); Spannungs-Rissöffnungsbeziehungen für unterschiedliche Rissebenen eines Prüfkörpers unter Zugbeanspruchung (rechts)*

Figure 4 *Schematic view of a single crack plane (left); stress-crack opening relations for different crack planes in a specimen under tensile loading (right)*

Um die Wirkung von einzelnen Fasern zu erfassen, muss die mikroskopische Betrachtungsebene herangezogen werden. Auf der Mikroebene bildet die stetige Aktivierung einer zunehmenden Anzahl von Fasern infolge steigender Beanspruchung die Vorraussetzung für das duktile Betonverhalten.

Den einfachsten Fall stellt hier der Auszug einer Faser senkrecht zur Rissebene dar. Die Parameter, die den Verlauf der Kraft-Verschiebungskurve beeinflussen, sind vor allem die mechanischen Eigenschaften der Fasern, die Fasergeometrie und die Verbundeigenschaften. Die Optimierungsaufgabe besteht darin, die Festigkeit der Fasern so weit wie möglich auszunutzen, ohne dass ein Faserbruch eintritt. Diese Aufgabe wird dadurch erschwert, dass hier eine Reihe weiterer Phänomene vorliegt, wie z. B. graduelle Ablösung der Faser von der Matrix, Verkanten der Fasern an den Rissufern und z. T. auch Ausbruch der Matrix, die auch zu berücksichtigen sind.

Teilweise lassen sich die genannten Werkstoffparameter durch entsprechende Versuche, wie z. B. Faserauszugversuch quantifizieren, was allerdings mit einem erheblichen Prüfaufwand verbunden ist. Jeden Modellkennwert kann man kaum abprüfen. Die Analyse der Bruch- und Verformungsvorgänge auf unterschiedlichen Ebenen ermöglicht jedoch ein gezieltes Vorgehen beim Mischungsentwurf bzw. bei der Optimierung der Betonzusammensetzung.

2.2 Ansätze für den Mischungsentwurf und die Optimierung der Zusammensetzung

Theoretisch lässt sich duktiler Beton mit fast beliebigen Fasern herstellen, wenn ein entsprechend hoher Fasergehalt verwendet wird. Das Problem ist, dass mit steigendem Fasergehalt auch die Kosten steigen und die Verarbeitbarkeit deutlich abnimmt. Die Aufgabe besteht daher in der Verringerung des Fasergehaltes durch eine gezielte Faserauswahl, der Einstellung der Matrixeigenschaften sowie in der Optimierung des Zusammenwirkens der Fasern und der Mörtelmatrix.

In Abschnitt 2.1 sind die maßgeblichen Parameter erläutert, die das mechanische Verhalten des Werkstoffes beeinflussen. Die Grundlage für den Mischungsentwurf soll danach die mikromechanische Modellierung [3] darstellen. Auf der Basis der bruchmechanischen Überlegungen und mikromechanischen Modellierung kann eine Dehnungsverfestigung sowie eine Bruchdehnung von ca. 5 % durch die Zugabe von weniger als 2 Vol.-% Polymerfasern erreicht werden. Im englischsprachigen Raum werden solche Betone üblicherweise als Engineered Cementitious Composites (ECC) bezeichnet [2]. In Bezug auf die Steigerung der Duktilität des Betons wiesen bisher PVA-Fasern mit einer Länge von 8 bis 15 mm und einem Durchmesser von unter 50 µm die beste Eignung auf.

Damit sich die Wirkung der Fasern voll entfalten kann, müssen sie sehr gleichmäßig in der Mörtelmatrix verteilt sein. Dies ist durch die Optimierung der rheologischen Eigenschaften der Matrix im Frischzustand und durch die geeignete Gestaltung des Mischvorgangs zu erreichen. Ähnlich wie bei selbstverdichtendem Beton ist hier eine möglichst weiche Konsistenz anzustreben, ohne dass Entmischungserscheinungen auftreten. Selbst leichte Wasserabsonderungen (Bluten) gehen im Allgemeinen mit einer Verschlechterung der Faserverteilung einher. In den meisten Fällen hat sich der Einsatz eines Stabilisierers auf Methylzellulose-Basis zur Minimierung des Entmischungsrisikos bewährt.

Auch eine deutliche Reduktion des Größtkorns wirkt sich positiv auf die Gleichmäßigkeit der Faserverteilung über das Matrixvolumen aus. Der Größtkorndurchmesser der verwendeten Gesteinskörnungen soll unter 1 mm betragen. Positive Erfahrungen liegen vor allem für Größtkorndurchmesser von ca. 0,3 mm vor.

Wie bereits oben dargestellt, übt die Erstrissspannung σ_1 einen ausgeprägten Einfluss auf die Kontrollierbarkeit der Rissausbreitung aus. Die Einstellung der Erstrissspannung erfolgt durch die Optimierung der Matrixfestigkeit/-zähigkeit anhand üblicher betontechnologischer Maßnahmen: die Wahl des W/Z-Wertes, Flugaschezugabe, Zementwahl etc.

Da das hohe Verformungsvermögen duktiler Betone durch die Bildung einer Vielzahl von feinen, mehr oder weniger parallel verlaufenden Rissen zustande kommt, ist es essentiell wichtig, eine solche multiple Rissbildung zu fördern. Dies lässt sich insbesondere durch das Einbringen von über die Matrix fein verteilten Mikrodefekten erreichen, die als Initiierungsstellen für Mikrorisse agieren. Solche Mikrodefekte können in das System beispielsweise durch die Zugabe von feinem Leichtsand oder einer höheren Menge Flugasche eingeführt werden.

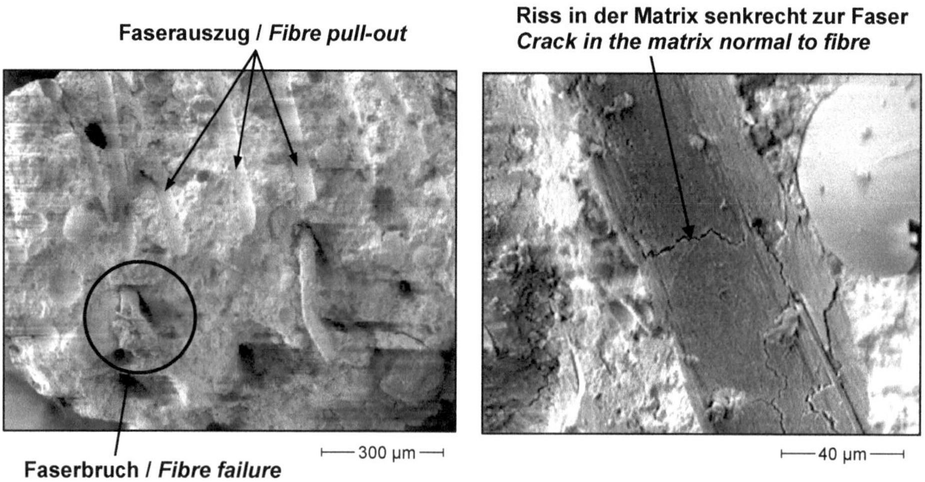

Abb. 5 *Mikroskopische Aufnahmen von Bruchflächen mit der Anzeige maßgeblicher Phänomene*

Figure 5 *Microscopic view of fracture surfaces with indication of decisive phenomena*

Schließlich ist der Verbund zwischen Faser und Matrix so einzustellen, dass eine graduelle Ablösung der Faser von der Matrix und dann deren allmählicher Auszug in der jeweiligen Rissebene zwar ermöglicht wird, dass jedoch eine hinreichende „Verankerung" der Faser in der Matrix gewährleistet bleibt, damit hohe Zugspannungen über feine Risse übertragen werden können. Die Kontrolle der Bruchenergie und der Schubfestigkeit des Verbundes erfolgt durch eine gezielte Wahl der Fasergeometrie (vor allem des L/d-Verhältnisses) und der Faserart (Beschaffenheit der Faseroberfläche, Fasermaterial) sowie die Mikrostruktur der Matrix. Für hydrophile Fasern (wie z. B. PVA) hat sich eine Behandlung der Faseroberfläche mit Ölpräparaten als günstig erwiesen: hierdurch wird insbesondere der chemische Verbund mit der Matrix geregelt [4].

Abbildung 5 gibt die wichtigsten, oben erläuterten Vorgänge auf der Mikroebene wieder, aus denen das duktile Verhalten des Materials auf der makroskopischen Betrachtungsebene resultiert. Die in Abbildung 5 (links) durch Pfeile markierten Spuren in der Matrix zeigen deutlich, dass ein Faserauszug stattgefunden hat. Wie oben erläutert, stellt er eine wichtige Voraussetzung für die Duktilität des Betons dar. Auf der anderen Seite konnten vereinzelt auch Faserbrüche festgestellt werden (eingekreist in der gleichen Abbildung): Ein gutes Zeichen dafür, dass die Festigkeit der Fasern weitgehend ausgenutzt war.

Schließlich ist in Abbildung 5 (rechts) die Wirkung von Mikrodefekten deutlich zu erkennen. In dem vorliegenden Fall, bei einem flugaschereichen Beton, wirken größere FA-Partikel als Initiatoren für die fein verteilte Rissbildung, die das duktile Verhalten des Werkstoffes begünstigen.

2.3 Beispiele der Betonzusammensetzung

Auf der Basis der dargestellten Ansätze wurde an der Technischen Universität Kaiserslautern eine Reihe von Rezepturen für Betone entwickelt, die nach der Erhärtung ein duktiles Materialverhalten aufweisen. In Tabelle 1 sind zwei Beispiele von Betonen aufgeführt, die eine ähnliche Duktilität zeigen.

Tabelle 1 *Zusammensetzung hochduktiler Betone (Beispiele)*
Table 1 *Composition of ultra-ductile concretes (examples)*

Beton *concrete*	Zement *cement* [kg/m³]	Flugasche *fly ash* [kg/m³]	Quarzsand *quartz sand* [kg/m³]	Leichtsand *LWA sand* [kg/m³]	Wasser *water* [kg/m³]	Fließmittel *SP* [kg/m³]	Stabilisierer *VA* [kg/m³]	PVA Faser *fibre* [kg/m³]	Rohdichte *specific weight* [kg/m³]
HDB-I	320	750	535	-	335	16,1	3,2	29,3	1990
HDB-II	551	551	-	186	344	16,5	3,3	26,0	1680

Der eine Beton, HDB-I, besitzt einen für herkömmlichen Beton üblichen Zementgehalt, 750 kg/m³ Flugasche, feinen Quarzsand als Gesteinskörnung, Fließmittel auf Polycarboxylat-Ether-Basis, Stabilisierer und 2,2 Vol.-% PVA-Fasern.

Der zweite Beton, HDB-II, ist zementreicher, hat einen etwas geringeren Flugascheanteil, feines Blähglas als Zuschlag und nur 2 % Fasern. Die Rohdichte in beiden Fällen beträgt unter 2000 kg/m³, d. h. die Betone lassen sich als Leichtbeton einordnen.

3 Herstellung des Betons, Prüfung der Frischbetoneigenschaften und Prüfkörperherstellung

3.1 Herstellung des Betons

Wie bei allen Hochleistungsbetonen ist auch bei der Herstellung von duktilem Beton ein erhöhter Aufwand erforderlich. Er resultiert hauptsächlich aus der Notwendigkeit, die Qualität der Ausgangsstoffe genau zu kontrollieren, aus der größeren Anzahl der verwendeten Ausgangsstoffe (zusätzliche Dosiereinrichtungen etc.) und aus einer längeren Mischzeit.

Grundsätzlich ist es möglich, hochduktilen Beton mit allen gängigen Mischertypen herzustellen. Vorteilhaft ist jedoch die Verwendung von Hochleistungszwangsmischern mit verstellbarer Mischintensität/-geschwindigkeit. Während der Faserzugabe soll zunächst eine geringere Mischintensität eingestellt werden; anschließend ist die Drehgeschwindigkeit um das ca. zweifache zu steigern, um die Dispersion der Fasern zu fördern. Die Mischzeiten und die genaue Reihenfolge der Zugabe der Ausgangsstoffe sind auf die jeweilige Rezeptur abzustimmen. Eine stufenweise Dosierung einzelner Ausgangsstoffe kann in vielen Fällen zur besseren Homogenität der Mischung beitragen.

Bei der Rezepturentwicklung ist der übliche Labormörtelmischer für Tastversuche ausreichend. Die Übertragbarkeit auf größere Betonmischer ist in der Regel gegeben. Eine Überprüfung ist jedoch immer erforderlich.

Der für die in Abschnitt 4 dargestellten Untersuchungen gewählte Beton HDB-I wurde unter Verwendung eines Einwellen-Labormischers Fa. ELBA mit einer max. Mischkapazität von 60 l hergestellt. Der gesamte Mischvorgang dauerte sieben Minuten.

3.2 Prüfung der Frischbetoneigenschaften

Zur Gewährleistung einer gleichmäßigen Faserverteilung sind hochduktile Betone grundsätzlich in einer fließfähigen Konsistenz herzustellen. Eine Ausnahme bilden Betone, die durch besondere Verfahren verarbeitet werden, z. B. die zur Herstellung von Bauelementen durch Extrudieren verwendet werden. In [5] wurde gezeigt, dass auch die Herstellung eines hochduktilen Betons als selbstverdichtender Beton möglich ist.

Als ein geeignetes Verfahren zur Prüfung der Verarbeitbarkeit von hochduktilen Betonen im Frischzustand hat sich der Setzfließmaßversuch erwiesen (Abb. 6). Typische Setzfließmaße betragen 450 bis 600 mm. In den Versuchen an den in Abschnitt 2.3 angegebenen Betonen HDB-I und HDB-II wurden Setzfließmaße zwischen 500 und 570 mm ermittelt.

Im Stadium der Rezepturentwicklung, wenn kleine Betonmengen in einem üblichen Mörtelmischer hergestellt werden, kann der „kleine Setzfließmaßversuch" verwendet werden. Hierzu wird Beton mit der Vorrichtung zur Bestimmung der Mörtelkonsistenz auf dem zugehörigen Ausbreittisch [6], jedoch ohne Aufschlag, geprüft. Das anzustrebende Setzfließmaß für einen leicht verdichtbaren hochduktilen Beton beträgt ca. 170 bis 200 mm.

Durch Setzfließmaßprüfung kann auch die Neigung des Betons zum Entmischen abgeschätzt werden. Liegt beispielsweise eine Wasserabsonderung an den Rändern des Betonkuchens vor, ist der Zusammenhalt der Mischung und infolgedessen der Grad ihrer Gleichmäßigkeit nicht ausreichend. Eine quantitative Prüfung der Gleichmäßigkeit der Faserverteilung gibt es derzeit noch nicht. Bei der Verwendung von Kunststofffasern kann eine qualitative Aussage auf der Basis manuellen Tastens getroffen werden. Die Zuverlässigkeit einer solchen Prüfung hängt natürlich von der Erfahrung des Prüfers ab.

Bei zu langen Mischzeiten besteht die Gefahr eines zu hohen Lufteintrages in faserbewehrten Beton. Der Luftporengehalt von Frischbeton soll daher stets mit dem LP-Topf kontrolliert werden. Größere Verdichtungsporen führen vor allem bei kleineren Bauteil- bzw. Prüfkörperabmessungen zu einer vorzeitigen Lokalisierung des Versagens.

Die Erzeugung von Mikroluftporen ist problemlos möglich. Nach [7] führen auch höhere

Mikroluftporengehalte kaum zu einer Verringerung der mechanischen Leistungsfähigkeit des Werkstoffes.

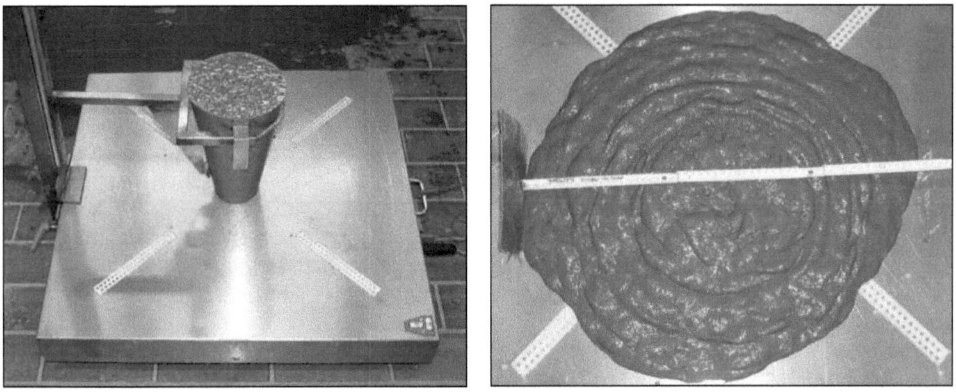

Abb. 6 *Bestimmung der Verarbeitbarkeit von Frischbeton: Aufbau des Setzfließversuches (links) und typisches Versuchsergebnis (rechts, hier: Beton HDB-I nach Abschnitt 2.3)*

Figure 6 *Determination of workability of fresh concrete: set-up of the slump-flow test (left) and typical test result (right, here: concrete HDB-I acc. to Section 2.3)*

Ähnlich wie bei selbstverdichtendem Beton können die Frischbetoneigenschaften eines hochduktilen Betons durch Temperaturschwankungen deutlich beeinflusst werden. Die Messung der Frischbetontemperatur wird daher empfohlen.

3.3 Betonieren, Prüfkörperherstellung

Das Betonieren von Bauteilen oder Prüfkörpern mit duktilem Beton soll möglichst "nahtlos" erfolgen. Sind Arbeitsfugen unerlässlich, müssen in diesem Bereich ggf. besondere Maßnahmen zur Vermeidung von Schwachstellenbildung ergriffen werden. Des Weiteren ist beim Einbringen bzw. Verteilen des Betons auf die Faserorientierung zu achten. Zum Pumpen von duktilem Beton liegen bisher keine schlüssigen Erfahrungen vor. Grundsätzlich sollte dies jedoch möglich sein. Die Verarbeitung eines duktilen Betons durch Spritzverfahren wurde in [8] demonstriert.

Wegen seiner relativ kleinen Rohdichte und vor allem aufgrund seines sehr engen Fasernetzwerks lässt sich hochduktiler Beton schlecht verdichten: Die Luftporen bleiben z. T. in diesem feinen Netz „gefangen" und erreichen nicht die Oberfläche. Unter anderem resultiert daraus auch die Forderung nach einer fließfähigen Konsistenz des Betons, die die Entlüftung fördert. Die Verdichtung soll auf Rütteltischen oder durch Applikation von Außenrüttlern erfolgen. Alternativ ist selbstverdichtender hochduktiler Beton zu verwenden. Auf keinen Fall darf hochduktiler Beton durch Innenrüttler oder durch Stochern verdichtet werden, da hierdurch lokal eine deutliche Veränderung der Faserverteilung herbeigeführt wird.

Das Nachbearbeiten der Oberflächen durch Glätten erfordert große Sorgfalt und gestaltet sich unter Verwendung üblicher Gerätschaften und Hilfsmittel i. d. R. als aufwendig.

4 Prüfung des Festigkeits-, Verformungs- und Bruchverhaltens von Festbeton

4.1 Einführende Bemerkungen

Grundsätzlich können die Prüfungen an Festbeton in drei Gruppen unterteilt werden: 1) Versuche zur Qualitätskontrolle, 2) Versuche zur Ermittlung der Kennwerte als Grundlage für Bemessung bzw. Schnittgrößenermittlung und schließlich 3) weiterführende Versuche, die Daten für Spezialanwendungen liefern (Kriechen, Verhalten unter zyklischer Beanspruchung etc.). Hier wird hauptsächlich die unter 2) genannte Gruppe diskutiert.

Das Verhalten von hochduktilem Beton unter Druckbeanspruchung unterscheidet sich nicht prinzipiell von dem konventioneller Betone und kann daher im Allgemeinen anhand gängiger Druckprüfungen ermittelt werden. Systematische Untersuchungen, die eine uneingeschränkte Anwendbarkeit der für herkömmlichen Beton üblichen Versuche für hochduktile Betone belegen würden, stehen allerdings noch aus und müssen daher nachgeholt werden.

Die Druckfestigkeit des hier untersuchten Betons HDB-I im Alter von 28 Tagen betrug 30 N/mm², der E-Modul ca. 16000 N/mm².

Die wichtigste und entscheidende Eigenschaft hochduktiler Betone ist eine Dehnungsverfestigung unter einaxialer Zugbeanspruchung, begleitet von einer multiplen Rissbildung und hierdurch bedingten großen nichtelastischen Verformungen. Im Gegensatz zum herkömmlichen Beton müssen bei hochduktilem Beton – um den Werkstoff wirklich effektiv auszunutzen – seine Spannungsaufnahme und Verformungskapazität unter Zugbelastung bei der Bemessung und Schnittgrößenermittlung unmittelbar berücksichtigt werden. Die Prüfung, ob Beton als hochduktil eingestuft werden kann, und die Erfassung seines charakteristischen Verhaltens bedürfen geeigneter Prüfungsverfahren, die ein möglichst unverfälschtes Bild der interessierenden Eigenschaften liefern sollen.

Im Folgenden werden Ergebnisse einer experimentellen Parameterstudie vorgestellt und diskutiert, die sich mit dieser Problematik befasste. Das Ziel dieser Studie war die Untersuchung des Einflusses verschiedener Prüfparameter – Größe und Form der Probekörper, Art der Belastung, Nachbehandlungsmaßnahmen usw. – auf die gemessenen mechanischen Eigenschaften des hochduktilen Betons. Auf der Basis der Erkenntnisse aus den Untersuchungen sollte ein Vorschlag im Hinblick auf standardisierte Prüfverfahren für hochduktilen Beton erarbeitet werden.

4.2 Überblick über das Untersuchungsprogramm

Im Untersuchungsprogramm wurde der Schwerpunkt auf direkte Prüfmethoden, d. h. einaxiale Zugversuche, gelegt. Ergänzend wurden indirekte Versuche (Biegezugversuche) durchgeführt. Abbildung 7 gibt einen Überblick über das Versuchsprogramm und eine schematische Darstellung der Probengeometrien, deren Wahl auf den Erfahrungen vorangegangene Untersuchungsprogramme an Betonen mit und ohne Faserbewehrung beruhte [9, 10].

Für die einaxialen Zugversuche wurden ungekerbte und gekerbte Proben verwendet. Bei den ungekerbten Proben handelte es sich um knochenförmige Prismen mit einem Querschnitt an der engsten Stelle (der entsprechende Bruttoquerschnitt ist in Klammern angegeben) von 24 (40) mm x 40 mm bzw. 60 (100) mm x 100 mm. Die Messlänge bei den Versuchen an ungekerbten Proben mit einer Dicke von 40 mm („kleine" Proben) betrug 100 mm bzw. 250 mm für die Prismen mit einer Dicke von 100 mm („große" Proben). Die gekerbten Prismen besaßen denselben effektiven Querschnitt wie die knochenförmigen Prismen. Hier wurde für die kleinen Proben eine Messlänge von 20 mm und für die großen Proben eine Messlänge von 50 mm verwendet.

Die einaxialen Zugversuche wurden sowohl mit verdrehbaren als auch mit starren, unverdrehbaren Lasteinleitungsplatten durchgeführt. Die meisten Versuche wurden weggesteuert gefahren, zum Vergleich wurde bei einer Serie Kraftsteuerung verwendet. Die Prüfgeschwindigkeit in den weggesteuerten Versuchen betrug 0,01 mm/s.

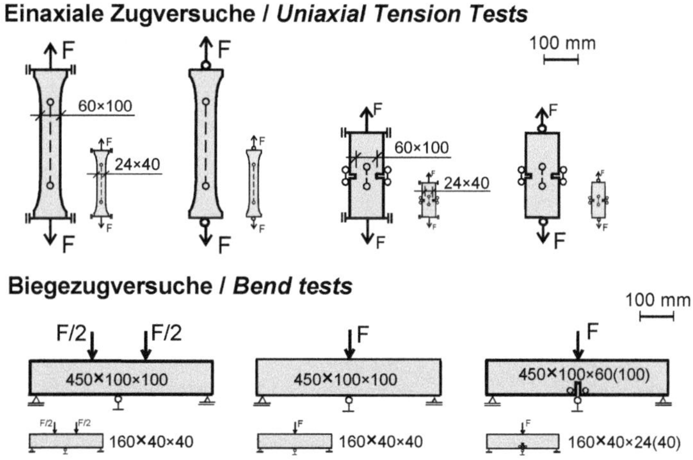

Abb. 7 *Überblick über die verwendeten Prüfkörpergeometrien und Versuchsaufbauten*
Figure 7 *Overview of the used specimen geometries and test set-ups*

Des Weiteren wurde jeweils eine Serie von 3-Punkt- und 4-Punkt-Biegeversuchen an ungekerbten Biegeproben mit einem Querschnitt von 40 mm x 40 mm (Stützweite 120 mm) bzw. 100 mm x 100 mm (Stützweite 300 mm) durchgeführt. Bei den 4-Punkt-Biegeversuchen wurden die Biegeproben in den Drittelspunkten der Stützweite belastet. Zusätzlich wurden 3-Punkt-Biegeversuche an gekerbten Proben mit einem effektiven Querschnitt von 24 mm x 40 mm (Tiefe der gesägten Kerbe = 16 mm) bzw. 60 mm x 100 mm (Kerbtiefe 40 mm) durchgeführt.

Alle Prüfkörper des Versuchsprogramms wurden horizontal in Metallschalungen hergestellt. Nach dem Ausschalen im Betonalter von 24 Stunden wurden die Proben bis zur Prüfung bei unterschiedlichen Bedingungen gelagert, um den Einfluss der Nachbehandlung auf die mechanischen Eigenschaften von hochduktilem Beton zu untersuchen. Folgende Nachbehandlungsmethoden wurden angewendet: versiegelt (eingewickelt in Kunststofffolie), unversiegelt (im Laborklima) und Lagerung unter Wasser.

Die Proben wurden in einem Alter zwischen 28 und 35 Tagen geprüft. Für jede untersuchte Parameterkombination wurden mindestens 3 Prüfkörper untersucht. Die Prüfkörper wurden an mehreren Betonierterminen hergestellt. Zur besseren Vergleichbarkeit erfolgte die Abprüfung des Einflusses einzelner Parameter an Proben aus einer Charge. Um die Wiederholbarkeit der Ergebnisse zu überprüfen, wurden Versuche für ausgewählte Parameterkombinationen an neuen Betonchargen wiederholt.

4.3 Ergebnisse einaxialer Zugversuche

Referenzversuche

An erster Stelle sollen hier die Ergebnisse der Versuche dargestellt werden, die von Anfang an als Referenz innerhalb des Untersuchungsprogramms angesehen wurden: die Zugversuche an ungekerbten Prüfkörpern mit unverdrehbaren Lasteinleitungsplatten. Die Wahl dieser Versuchsart als Referenz basierte auf den theoretischen Überlegunngen, denen zufolge sie für die Erfassung des charakteristischen Verhaltens duktiler Betone unter Zugbeanspruchung am besten geeignet sein dürfte.

Abbildung 8 zeigt typische Spannungs-Dehnungskurven aus den Versuchen an versiegelten Proben mit dem Querschnitt 40 mm x 24 mm (kleine Proben). Nach der Erstrissbildung auf dem Niveau der Zugfestigkeit eines herkömmlichen normalfesten Betons erfolgt eine Verfestigung des Werkstoffes. Die leichten Sprünge der Kurve markieren die Bildung von neuen, mehr oder minder parallel zueinander verlaufenden Rissen. Das Foto in Abbildung 8 zeigt ein typisches Rissbild kurz vor dem Erreichen der Zugfestigkeit, die bei einer Bruchdehnung von knapp unter 5 % liegt. Dies bedeutet eine Steigerung um mehr als das 300fache im Vergleich zu herkömmlichem Beton, bei dem die Bruchdehnung ca. 0,10 bis 0,15 ‰ beträgt.

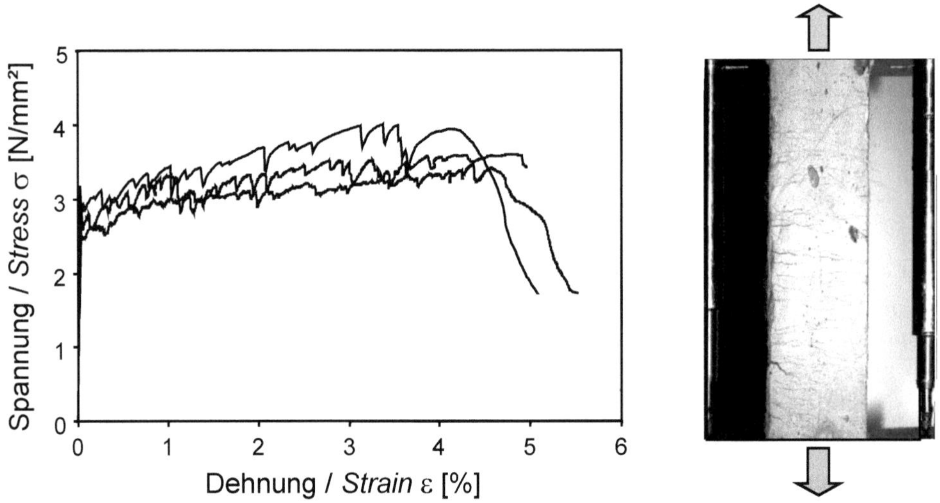

Abb. 8 *Typische Ergebnisse der Zugversuche an kleinen, ungekerbten, versiegelten Prismen mit unverdrehbaren Lasteinleitungsplatten*

Figure 8 *Typical results of the tension tests on small, unnotched, sealed prisms with non-rotational loading plates*

Die Referenzversuche wurden an Prüfkörpern aus mehreren Chargen (diverse Betoniertermine) durchgeführt. Die Streuung der Ergebnisse, ermittelt an Proben aus einer Charge, entsprach in Bezug auf die Zugfestigkeit f_t des hochduktilen Betons in etwa den für herkömmlichen Beton bekannten Streuungen bei Laboruntersuchungen (Variationskoeffizient bis ca. 10 %) [9]. Die Werte der Erstrissspannung σ_1 zeigten größere Streuung, der Variationskoeffizient betrug im Schnitt ca. 20 %. Die größten Streuungen wies die Bruchdehnung ε_u auf, mit einem Variationskoeffizienten bis ca. 25 %.

Der Vergleich der Ergebnisse aus den Zugversuchen an Proben die aus unterschiedlichen Chargen hergestellt wurden, zeigte z. T. beträchtliche Unterschiede zwischen den Mittelwerten der einzelnen Versuchsserien (die Spannweite zwischen dem kleinsten und dem größten Mittelwert einzelner Serien betrug in einzelnen Fällen bis zu 30 %).

Einfluss der Kerbung von Prüfkörpern

Für die Untersuchung des Nachrissverhaltens von unbewehrtem Beton oder konventionellem Faserbeton müssen gekerbte Proben verwendet werden, um eine stabile Versuchsdurchführung zu gewährleisten. Da die Lage des Risses durch die Kerbe vorgegeben ist, können die für die notwendige Verformungssteuerung verwendeten Wegaufnehmer direkt an den Kerbufern platziert werden, wodurch eine zielsichere Versuchssteuerung aufgrund geringer Messlänge ermöglicht wird. Zum Prüfen von duktilem Beton ist die Kerbung der Prüfkörper nicht erforderlich, da der Verformungs- und Bruchvorgang durch ein stabiles Risswachstum gekennzeichnet ist. Daher stellte sich die Frage, welche Probengeometrie die zweckmäßigere ist, um das charakteristische Materialverhalten zu erfassen. Des Weiteren sollte im Rahmen dieser Versuchsserie die Frage der Kerbempfindlichkeit duktiler Betone geklärt werden.

Abbildung 9 zeigt typische Spannungs-Dehnungsbeziehungen aus einaxialen Zugversuchen mit unverdrehbaren Lasteinleitungsplatten an gekerbten und ungekerbten Prismen und die jeweiligen, aus diesen Kurven ermittelten charakteristischen Werte. Diese Daten für die erste Versuchsreihe können Tabelle 2 entnommen werden.

Typisch für duktile Werkstoffe (vgl. z. B. Stahl) wurde in direkten Zugversuchen an gekerbten, kleinen Proben aus dem untersuchten Beton im Vergleich zu ungekerbten Proben keine Abnahme sondern sogar eine Zunahme der Zugfestigkeit f_t (ca. 10 %) gemessen (Tabelle 2). Dies wurde in Versuchen mit allen drei verwendeten Nachbehandlungsarten festgestellt. Nur in einer Versuchsserie, bei der Wiederholung der Versuche an großen, versiegelten, aus einer neuen Betoncharge hergestellten Prismen, wurden an ungekerbten Proben ca. 10 % höhere Werte der Zugfestigkeit gemessen (nicht in Tabelle 2 enthalten).

Wegen der Konzentration der Risse im Bereich des gekerbten Querschnitts konnten bei Versuchen mit gekerbten Prismen nur viel kleinere Verformungen δ_u bei Höchstlast gemessen werden. Aus diesem Grund waren die Werte der spezifischen Bruch— arbeit $W_{F,ft}$ (die bis zum Erreichen der Zugfestigkeit f_t verbrauchte, auf die Querschnittsfläche bezogene Energie) ebenso wie W_F (berechnet aus der gesamten Fläche unterhalb der Spannungs-Verformungskurve) beträchtlich kleiner als die entsprechenden Werte aus Versuchen an ungekerbten Prismen (vgl. Tabelle 2).

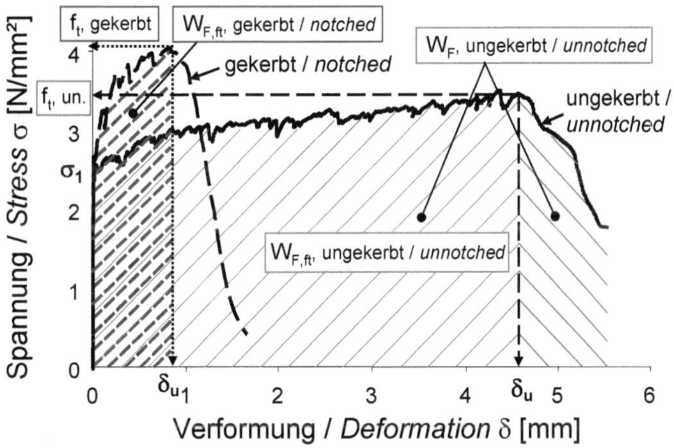

Abb. 9 *Typische Spannungs-Verformungsbeziehungen aus Zugversuchen an kleinen, versiegelten, ungekerbten bzw. gekerbten Prismen mit unverdrehbaren Lasteinleitungsplatten*

Figure 9 *Typical stress-deformation curves from tension tests on small, sealed, unnotched resp. notched prisms with non-rotational loading plates*

Der oben eingeführte Begriff „spezifische Brucharbeit W_F“ ist anstelle des üblichen Begriffs „Bruchenergie G_F“ gewählt worden, um Missverständnisse zu vermeiden. Der Letztere wird in der Bruchmechanik verwendet und stellt per Definition die Energie dar, die zur vollständigen Öffnung eines einzigen Hauptrisses von einer Einheitsfläche führt. Im Falle duktiler Betone ergibt die Fläche unter der Spannungs-Verformungskurve jedoch die Energie, die zur Bildung und Entwicklung nicht eines einzelnen Risses sondern einer Vielzahl mehr oder weniger parallel verlaufender Risse verbraucht wird. Der Term "spezifische Brucharbeit" gibt an, dass auch im Falle multipler Rissbildung die gesamte für die Rissbildung verbrauchte Energie durch die Querschnittsfläche des Prüfkörpers dividiert wird. Dies erlaubt einen besseren Vergleich der Ergebnisse diverser Versuche (unterschiedliche Versuchsaufbauten und Prüfkörpergeometrien) im Hinblick auf den Energieverbrauch aufgrund der Rissbildung.

Schließlich ist zu bemerken, dass die Bruchdehnung ε_u (entspricht der maximalen Verformung δ_u dividiert durch die Messlänge) bei den gekerbten Proben größer war, was auf eine größere Rissdichte hindeutet – ein Phänomen, das eindeutig durch die Beobachtung der Rissmuster auf den Probenoberflächen bestätigt werden konnte.

Tabelle 2 *Ergebnisse der weggesteuerten Zugversuche mit unverdrehbaren Lasteinleitungsplatten, Mittelwerte der ersten Versuchsserie*

Table 2 *Results of the displacement controlled uniaxial tension tests on small prisms with non-rotational loading plates, average values of the first test series*

Nachbehandlung *Curing conditions*	Probenform und -größe *Specimen shape and size*	Erstrissspannung *Stress at first crack* σ_1 [MPa]	Zugfestigkeit *Tensile strength* f_t [MPa]	Dehnung bei f_t *Strain at f_t* ε_u [%]	Verformung bei f_t *Deformation at f_t* δ_u [mm]	Spezifische Brucharbeit bis f_t *Specific work of fracture until f_t* $W_{F,ft}$ [N/m]	Spezifische Brucharbeit *Specific work of fracture* W_F [N/m]
versiegelt *sealed*	ungekerbt, klein *unnotched, small*	2,41	3,45	4,75	4,75	15320	16650
	ungekerbt, groß *unnotched, large*	2,60	3,47	1,96	4,90	16700	16800
	gekerbt, klein *notched, small*	2,44	3,83	5,65	1,13	3810	6270
	gekerbt, groß *notched, large*	2,77	3,50	2,54	1,27	4230	8320
unversiegelt *unsealed*	ungekerbt, klein	2,50	3,20	3,98	3,98	11240	13170
	ungekerbt, groß	-	-	-	-	-	-
	gekerbt, klein	2,44	3,68	4,49	0,90	3050	4720
	gekerbt, groß	2,78	3,62	3,52	1,76	6420	11020
Wasserlagerung *stored in water*	ungekerbt, klein	2,30	2,57	2,57	2,57	6210	7590
	ungekerbt, groß	2,79	2,84	1,92	4,81	12840	16290
	gekerbt, klein	1,33	2,97	6,86	1,37	3790	6480
	gekerbt, groß	2,48	3,24	3,89	1,95	6470	12500

Einfluss der Prüfkörpergröße

Zur Untersuchung des Einflusses der Prüfkörpergröße wurden zwei Versuchsserien mit Proben aus unterschiedlichen Betonchargen durchgeführt, die mit einem größeren zeitlichen Abstand hergestellt wurden.

In der ersten Versuchsserie (siehe Tabelle 2) konnte in den Zugversuchen kein ausgeprägter Größeneffekt auf die Zugfestigkeit bzw. die Erstrissspannung beobachtet werden. Die mittlere Bruchdehnung ε_u von ca. 2 % in den Versuchen an ungekerbten Proben lag bei großen Prismen deutlich unter den entsprechenden, an kleinen, ungekerbten Proben ermittelten Werten (je nach der Nachbehandlungsart bis zu i. M. 4,75 %).

Die repräsentativen Kurven für ungekerbte Prismen aus der zweiten Versuchsserie sind in Abbildung 10 dargestellt. Aus den Versuchen sowohl an kleinen als auch an großen Proben wurden deutlich höhere Werte der Erstrissspannung σ_1 und der Zugfestigkeit f_t als in der ersten Versuchsserie gemessen, wobei diesmal die an kleinen ungekerbten Proben ermittelte Zugfestigkeit größer ausfiel als die Zugfestigkeit der großen Prismen. Der Unterschied der Bruchdehnungswerte fiel dagegen geringer aus, blieb jedoch von der Tendenz her bestehen. Dennoch wurde mit zunehmender Probengröße eine signifikante Zunahme der spezifischen Brucharbeit $W_{F,ft}$ bzw. W_F gemessen. Der Hauptgrund für diese Zunahme liegt darin, dass die größeren Proben eine 2,5fach größere Messlänge und daraus resultierend insgesamt eine größere Rissanzahl als die kleineren Prismen aufwiesen. Die Bildung und Öffnung einer größeren Anzahl von Rissen führt zu einem höheren Energieverbrauch je Flächeneinheit des Querschnitts.

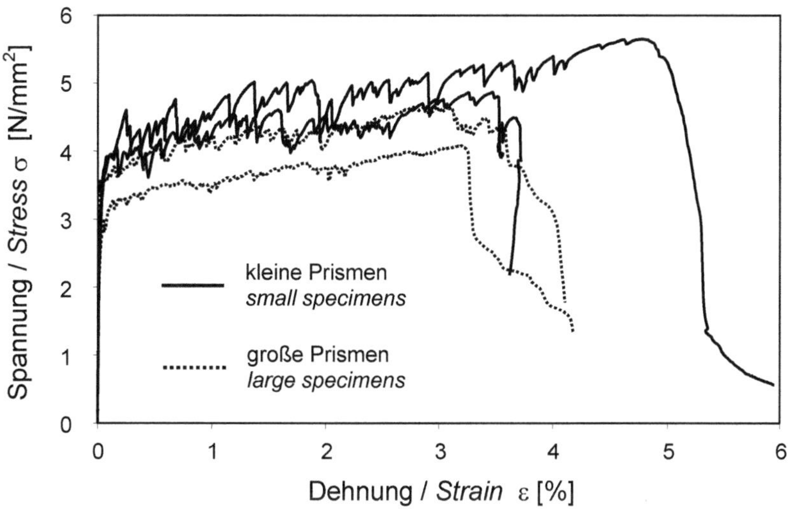

Abb. 10 *Charakteristische Spannungs-Dehnungskurven aus Zugversuchen an kleinen und großen Prismen; ungekerbte, versiegelte Proben, unverdrehbare Lasteinleitungsplatten*

Figure 10 *Characteristic stress-strain curves from tension tests on small and large prisms, respectively; unnotched, sealed specimens, non-rotational loading plates*

Abschließend soll auf ein Phänomen hingewiesen werden, welches ein versuchstechnisches Problem darstellt. In den Zugversuchen an großen ungekerbten Zugprismen entstand der zum Versagen führende Hauptriss häufig außerhalb des eingeschnürten Bereiches, d. h. auch außerhalb des Messbereiches. In den Versuchen an den kleinen Proben wurde dieses Phänomen nie beobachtet, obwohl die Probenform der kleinen und großen ungekerbten Probekörper absolut identisch war. Eine Erklärung für diesen Sachverhalt muss noch gefunden werden.

Einfluss der Lasteinleitungsart

Die Lasteinleitung in die Zugprismen kann über verdrehbare oder unverdrehbare Platten erfolgen. Hier sollte untersucht werden, welchen Einfluss die Wahl der Lasteinleitungsart auf das Messergebnis hat, und welche Versuchsanordnung eine genauere Erfassung des charakteristischen Materialverhaltens erlaubt.

Im einaxialen Zugversuch mit Behinderung der Probenverdrehung wurden die Prüfkörper über Adapter starr zwischen Messdose und Grundplatte der Prüfmaschine eingeklebt.

Dadurch sollte eine über den Querschnitt der Probe gleichmäßige Verformung gewährleistet werden. Zur Durchführung der Zugversuche ohne Behinderung der Prüfkörperverdrehung wurden Kalotten zwischen den Tragteilen der Maschine und den an die Probenenden geklebten Metalladaptern eingebaut.

Typische Verläufe der gemessenen Spannungs-Verformungsbeziehungen für die beiden Versuchsarten sind in Abbildung 11 dargestellt. Es handelt sich dabei um die Verformungen an den gegenüberliegenden Seiten der Prismen (Positionen 1 und 2); die durchgezogene Linie markiert die gemittelte Kurve.

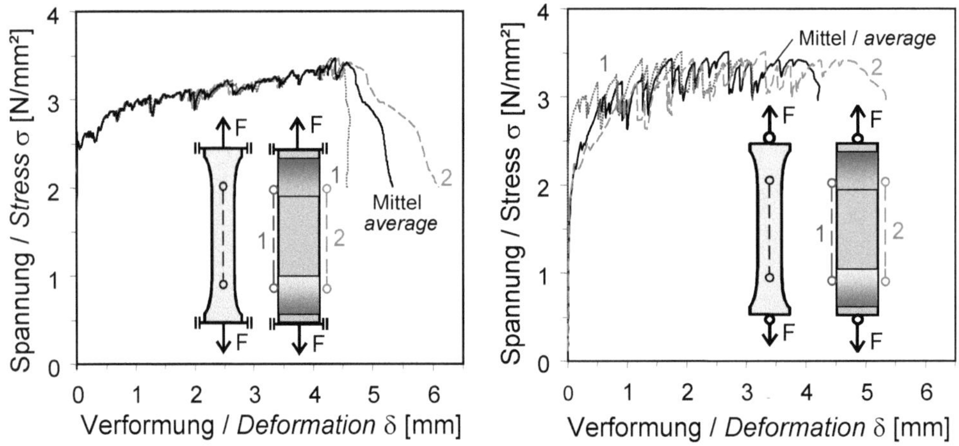

Abb. 11 *Typische Verläufe der Spannungs-Verformungsbeziehungen für unterschiedliche Positionierung der Wegaufnehmer in einaxialen Zugversuchen mit Behinderung (links) und ohne Behinderung der Prüfkörperverdrehung (rechts); kleine, ungekerbte, versiegelte Prismen*

Figure 11 *Typical stress-strain diagrams for different positions of LVDTs in uniaxial tension tests with non-rotational (left) and rotational (right) loading plates, respectively; small, unnotched, sealed prisms*

Sowohl bei der Verwendung von verdrehbaren als auch unverdrehbaren Lasteinleitungsplatten entsteht im Versuch zunächst ein einzelner Anriss, und zwar im Querschnitt, wo die geringste Festigkeit der Mörtelmatrix vorliegt. Die unterschiedlichen Kurvenverläufe ergeben sich aus der weiteren Rissentwicklung, die durch die Randbedingungen deutlich beeinflusst wird.

Bei der verdrehbaren Lasteinleitung nimmt die Verformung an der Probenseite, wo der erste Anriss aufgetreten ist, deutlicher als an der gegenüberliegenden Seite zu (Abb. 11, rechts). Im Laufe des Versuches stellt sich an den beiden Seiten des Prüfkörpers eine multiple Rissbildung ein, wobei sich der Unterschied der gemessenen Verformungen permanent vergrößert. Dies deutet darauf hin, dass die Rissentwicklung auf einer Seite (hier: Position 2) schneller vorangeht, wodurch die Belastung des Prüfkörpers zunehmend exzentrisch wird.

Im Versuch mit Behinderung der Prüfkörperverdrehung tritt die oben beschriebene Ungleichmäßigkeit der Rissentwicklung nicht ein. Die Kurven an den beiden Probenseiten zeigen bis zum Erreichen der Zugfestigkeit bzw. Bruchdehnung einen beinahe identischen Verlauf. Erst nach dem Überschreiten der Bruchdehnung ist eine Ungleichmäßigkeit der Rissentwicklung über den Querschnitt festzustellen.

Betrachtet man die aus den Messungen an den beiden Probenseiten gemittelten Kurven, die üblicherweise zur Charakterisierung des Materialverhaltens herangezogen werden, stellt man fest, dass die im Versuch mit verdrehbaren Lasteintragungsplatten gemessenen σ-δ-Beziehungen deutlich unter den σ-δ-Kurven liegen, die im Versuch mit Verdrehungsbehinderung ermittelt wurden (Abb. 12). Entsprechend werden hieraus kleinere Werte der Erstrissspannung σ_1 und der Zugfestigkeit f_t ermittelt. Des Weiteren werden im Versuch mit verdrehbaren Lasteinleitungsplatten geringere Bruchdehnungen ε_u erreicht.

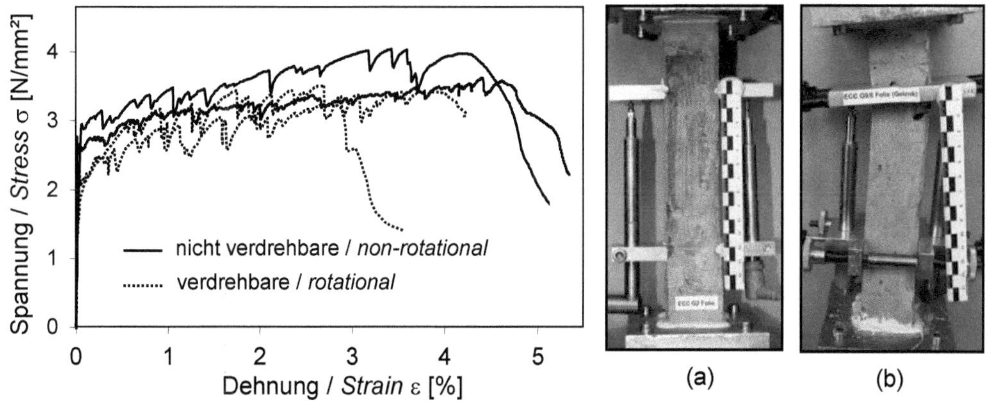

Abb. 12 *links: Spannungs-Dehnungsbeziehungen aus Zugversuchen mit verdrehbaren und nicht-verdrehbaren Lasteintragungsplatten; rechts: Prüfkörper nach dem Lokalisieren des Versagens im Versuch mit (a) unverdrehbaren und (b) verdrehbaren Platten; kleine, ungekerbte, versiegelte Prismen*

Figure 12 *left: stress-strain curves from tension tests with rotational and non-rotational loading plates, respectively; right: specimens after the localisation of fracture; small, unnotched, sealed prisms*

Ähnliche Tendenzen wurden auch in Versuchen an großen und kleinen, gekerbten Prismen festgestellt. Hiermit ergaben sich für hochduktilen Beton prinzipiell gleiche Zusammenhänge, die bereits in Versuchen an herkömmlichem Beton festgestellt worden waren [11].

Alle weiteren in diesem Aufsatz dargestellten Ergebnisse der Zugversuche wurden aus den Versuchen mit unverdrehbaren Lasteinleitungsplatten gewonnen.

Einfluss der Versuchssteuerung

Zur Erfassung einer kompletten Spannungs-Verformungskurve eines konventionellen, spröden Betons ist eine verformungsgesteuerte Versuchsdurchführung unerlässlich, was mit einem erhöhten versuchstechnischen Aufwand verbunden ist und i. d. R. nur von sehr gut ausgerüsteten Laboren realisiert werden kann. Zur Prüfung duktiler Betone ist dagegen die in der Materialprüfung übliche Steuerung durch den Maschinenweg vollkommen ausreichend.

In dieser Versuchsreihe wurde geprüft, ob auch eine kraftgesteuerte Versuchsdurchführung aussagekräftige Ergebnisse liefern kann. Diese Art der Prüfung ist auch insoweit von Interesse, da in der Praxis häufig eine Einwirkung auf Bauteile mit steigender äußerer Kraft vorliegt.

Abbildung 13 zeigt die Messkurven aus weggesteuerten und kraftgesteuerten Zugversuchen an ungekerbten Prismen. Nach dem Eintreten der Rissbildung liegen die Kurven aus den kraftgesteuerten Versuchen deutlich über den entsprechenden Kurven aus dem weggesteuerten Experiment, was vor allem auf eine viel höhere Verformungsgeschwindigkeit in diesem Versuchsstadium zurückzuführen ist. Da die großen nichtelastischen Dehnungen von mehreren Prozent hier einer relativ geringen Kraftsteigerung entsprechen, bedingt auch ein verhältnismäßig kleines, für die Versuchssteuerung eingesetztes Kraftinkrement eine hohe Verformungsrate, d. h. einen größeren Maschinenweg. Die Rissentwicklung ist ein zeitabhängiger Vorgang, d. h. bei einer schnelleren Beanspruchung muss generell eine größere Kraft aufgebracht werden, um die Rissentwicklung zu forcieren. Mit zunehmender Heterogenität des Werkstoffes wird dieses Phänomen ausgeprägter.

Charakteristisch ist, dass die Bruchdehnung im de facto schnelleren kraftgesteuerten Versuch im Vergleich zum weggesteuerten Versuch kleiner ausfällt. Ähnliches Verhalten wurde in [12] bei einer gezielten Untersuchung des Einflusses der Verformungsgeschwindigkeit auf die Versuchsergebnisse festgestellt.

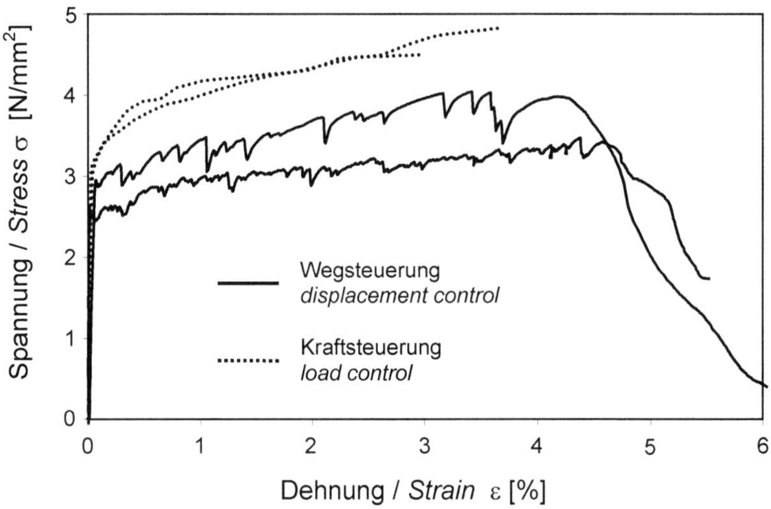

Abb. 13 *Messkurven aus weggesteuerten und kraftgesteuerten Zugversuchen; kleine, ungekerbte, versiegelte Prismen*

Figure 13 *Curves obtained from displacement controlled and load controlled tension tests, respectively; small, unnotched, sealed prisms*

Es soll hier angemerkt werden, dass die kraftgesteuerten Versuche zur Feststellung der Tatsache, ob der Beton duktil ist, prinzipiell geeignet scheinen. Eine Überschätzung der Zugfestigkeit und die Unterschätzung der Bruchdehnung im Vergleich zu den Ergebnissen weggesteuerter Versuche muss hierbei beachtet werden.

Einfluss der Nachbehandlung

Nach den geltenden Vorschriften sind die Prüfkörper zur Bestimmung des Verhaltens von Beton unter Zug bis zur Prüfung im Wasser zu lagern. Hiermit soll die Bildung von Eigenspannungen infolge Feuchtegradienten vermieden werden, die zur Minderung der Zugfestigkeit führen. In dieser Versuchsserie sollte geklärt werden, ob diese Regelung auch für hochduktile Betone sinnvoll ist.

Die Nachbehandlungsbedingungen hatten einen signifikanten Einfluss auf die Ergebnisse der Zugversuche. In den Versuchen an den unversiegelten, ungekerbten Proben wurden geringfügig höhere Werte der Erstrissspannung als an den versiegelten Proben erzielt (vgl. Tabelle 2). Die Werte der Zugfestigkeit f_t, der Bruchdehnung ε_u und der spezifischen BruchPARarbeit $W_{F,ft}$ bzw. W_F waren im Allgemeinen geringfügig niedriger bei Prüfung unversiegelter Proben, unabhängig davon ob es sich um gekerbte oder ungekerbte Prismen handelte. Abbildung 14 zeigt typische Messkurven für die beiden Probengeometrien bei unterschiedlichen Lagerungsbedingungen.

Die Wasserlagerung der Proben führte zu einer deutlichen Abnahme der Zugfestigkeit gegenüber den versiegelten bzw. unversiegelten Prismen. Gleichzeitig wurde in den Versuchen mit gekerbten Proben kein nennenswerter Einfluss der Wasserlagerung auf die Höhe der spezifischen Brucharbeit beobachtet. Die zugehörigen Spannungs-Verformungskurven zeigen deutlich einen weniger steilen abfallenden Ast bei dieser Nachbehandlungsart (Bild 14, rechts). Dieses Phänomen resultiert eindeutig aus den veränderten Eigenschaften der Matrix und insbesondere der Verbundeigenschaften zwischen Matrix und Fasern, die aus den unterschiedlichen Nachbehandlungsbedingungen resultieren. Die spezifischen Mechanismen müssen jedoch noch geklärt werden.

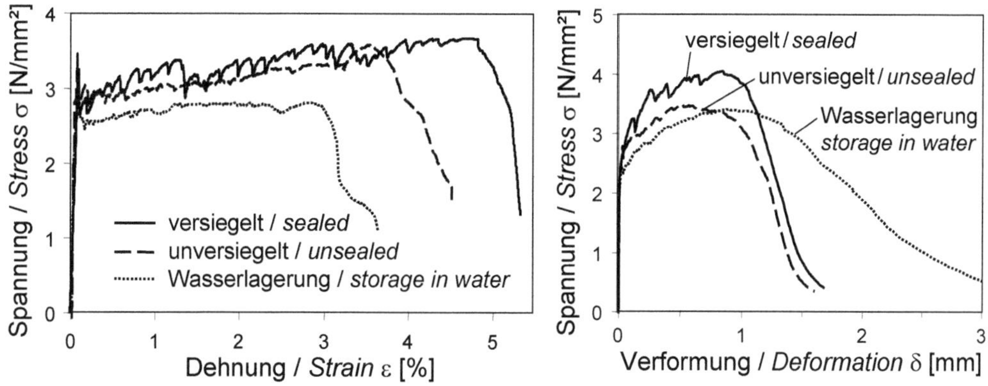

Abb. 14 *Einfluss der Nachbehandlung auf die Ergebnisse der Zugversuche an ungekerbten Prismen (links) und gekerbten (rechts) kleinen Prismen*

Figure 14 *Effect of the curing on the results of tension tests performed on unnotched (left) and notched (right) small prisms, respectively*

4.4 Überblick über die Ergebnisse der Biegezugversuche

Einaxiale Zugversuche stellen ein denkbar direktes Verfahren zur Ermittlung des Werkstoffverhaltens unter Zugbeanspruchung dar. Da diese Versuche aber meist mit erhöhtem Prüfaufwand verbunden sind, wird im Falle konventioneller Betone meistens auf indirekte Prüfungsmethoden, am häufigsten auf Biegezugversuche, ausgewichen. Es stellt sich die Frage, ob diese Vorgehensweise auch bei der Prüfung von hochduktilem Beton sinnvoll ist.

Während der Biegeversuche wurde multiple Rissbildung bei allen untersuchten Parameterkombinationen beobachtet. Am ausgeprägtesten trat dieses Verhalten im 4-Punkt-Biegeversuch an ungekerbten Proben auf (vgl. Abbildung 15).

Die Ergebnisse der Biegezugversuche sind in Tabelle 3 zusammengestellt. Im Gegensatz zur Zugfestigkeit f_t nahm die Biegefestigkeit $f_{t,fl}$ mit zunehmender Probengröße für alle untersuchten Parameterkombinationen ab. Bei den gekerbten Proben war dieser Effekt jedoch nur schwach ausgeprägt. Insgesamt wiesen die Kerben einen ähnlichen Einfluss auf die Messergebnisse auf wie bei den einaxialen Zugversuchen.

Wie erwartet war die Biegeverfestigung sehr deutlich. Die Werte der Biegezugfestigkeit $f_{t,fl}$ betrugen ein Vielfaches der Zugfestigkeit f_t aus den einaxialen Zugversuchen. Dies kann auf einen erheblichen Beitrag der Risszone zur Lastübertragung bei der Verlagerung der neutralen Achse zurückgeführt werden.

Mit zunehmender Probengröße war bei den Biegezugversuchen eine signifikante Zunahme der spezifischen Brucharbeit zu beobachten, insbesondere bei den 3-Punkt-Biegezugversuchen. Die 4-Punkt-Biegezugversuche ergaben deutlich höhere Werte $W_{F,ft,fl}$ (spezifische Brucharbeit bis zum Erreichen der Biegezugfestigkeit) und $W_{F,fl}$ (komplette spezifische Brucharbeit) als die 3-Punkt-Biegezugversuche. Dies ist das Ergebnis eines größeren Probenbereichs, in dem Risse auftraten. Bemerkenswert bei den 4-Punkt-Biegezugversuchen war ebenfalls, dass bei einigen Proben größere Schubrisse auftraten, die bei den im Wasser gelagerten Proben in einigen Fällen zu einem Schubversagen der Proben führten [13].

Bei den Untersuchungen an unversiegelten Prüfkörpern wurden ähnliche Werte für die Biegezugspannung beim Erstriss $\sigma_{1,fl}$ wie bei den versiegelten Proben ermittelt, mit Ausnahme der 4-Punkt-Biegezugversuche an ungekerbten Proben (hier zeigten versiegelte Proben die höheren Werte). Die Biegezugfestigkeit $f_{t,fl}$ war bei unversiegelten Proben geringer. Tendenziell galt dies auch für den Effekt dieser Nachbehandlungsart auf die spezifische Brucharbeit $W_{F,ft,fl}$ und $W_{F,fl}$ (Tabelle 3). Es ist anzumerken, dass die $W_{F,fl}$-Werte in etwa auf dem gleichen Niveau wie die entsprechenden Werte W_F aus einaxialen Zugversuchen waren.

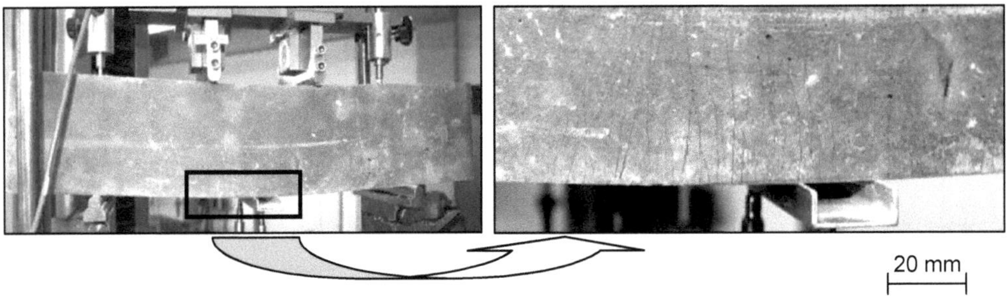

Abb. 15 *4-Punkt-Biegeversuch an großen Biegebalken: Typisches Rissmuster bei Erreichen der Maximallast*

Figure 15 *4-point bend tests on large beams: typical crack pattern upon reaching the maximum load*

Tabelle 3 *Ergebnisse der Biegezugversuche, Mittelwerte*

Table 3 *Results of the bend tests, average values*

Nachbehandlung *Curing conditions*	Versuchsaufbau, Prüfkörpergröße *Test set-up, specimen size*	Biegespannung beim Erstriss *Bending stress at first crack* $\sigma_{1,fl}$ [MPa]	Biegezugfestigkeit *Flexural strength* $f_{t,fl}$ [MPa	Durchbiegung bei $f_{t,fl}$ *Deflection at* $f_{t,fl}$ δ_u [mm]	Spezifische Brucharbeit bei $f_{t,fl}$ *Specific work of fracture until* $f_{t,fl}$ $W_{F,ft,fl}$ [N/m]	Spezifische Brucharbeit *Specific work of fracture* $W_{F,fl}$ [N/m]
versiegelt *sealed*	4-pt, ungekerbt, klein *4-pt, unnotched, small*	5,1	19,4	3,12	9730	18290
	4-pt, ungekerbt, groß *4-pt, unnotched, large*	5,0	11,3	5,68	13420	19210
	3-pt, ungekerbt, klein *3-pt, unnotched, small*	5,9	17,6	2,30	6360	11100
	3-pt, ungekerbt, groß *3-pt, unnotched, large*	5,8	12,7	4,50	8820	15720
	3-pt, gekerbt, klein *3-pt, notched, small*	5,3	16,5	1,10	1990	5860
	3-pt, gekerbt, groß *3-pt, notched, large*	5,8	15,3	2,40	3190	10130
unversiegelt *unsealed*	4-pt, ungekerbt, klein	4,0	14,9	2,84	8740	15520
	3-pt, gekerbt, klein	5,9	15,6	0,93	1530	6720
	3-pt, gekerbt, groß	6,1	14,6	2,24	2750	8280
Wasserlagerung *stored in water*	4-pt, ungekerbt, klein	3,7	13,7	2,75	6730	16690
	3-pt, gekerbt, klein	4,4	15,3	1,70	2100	9090
	3-pt, gekerbt, groß	4,6	13,9	2,55	3030	10540

Die Lagerung der Proben unter Wasser führte zu einer deutlichen Verringerung der Biegespannung beim Erstriss $\sigma_{1,fl}$ und der Biegezugfestigkeit $f_{t,fl}$ im Vergleich zu den versiegelten bzw. unversiegelten Proben. Bei den Messungen an ungekerbten Prüfkörpern konnte eine leichte Reduktion der spezifischen Brucharbeit $W_{F,ft,fl}$ und $W_{F,fl}$ im Vergleich zu den versiegelten Proben festgestellt werden. Die Untersuchungen an gekerbten Prismen ergaben für wassergelagerte Proben höhere Werte der spezifischen Brucharbeit gegenüber den entsprechenden Werten aus Versuchen an versiegelten bzw. unversiegelten Prüfkörpern.

Zusammengefasst lässt sich feststellen, dass hinsichtlich des Einflusses der Nachbehandlungsbedingungen in den Biegezugversuchen ähnliche Tendenzen wie in den einaxialen Zugversuchen zu beobachten waren.

4.5 Schlussfolgerungen aus den experimentellen Untersuchungen

Zentrische Zugversuche sind die direkteste und aussagekräftigste Versuchsform zur Ermittlung des Festigkeits-, Verformungs- und Bruchverhaltens von Beton unter einaxialer Zugbeanspruchung. Für die Identifizierung eines hochduktilen Betons sowie die Ermittlung des charakteristischen Verlaufs der Spannungs-Dehnungsbeziehungen und für die Ableitung von Stoffgesetzen für diesen neuartigen Werkstoff sind sie unentbehrlich. Obwohl von der Grundvorstellung einfach, stellt die werkstoffgerechte Durchführung und schlüssige Auswertung solcher Versuche eine Herausforderung dar.

Im Hinblick auf die Zielsetzung, einen Vorschlag für eine geeignete, standardfähige Prüfmethodik auszuarbeiten, können die wichtigsten Schlussfolgerungen aus dem Untersuchungsprogramm bezüglich einzelner Versuchsmodalitäten wie folgt zusammengefasst werden.

Kerbung der Prüfkörper
Nur die Prüfung an ungekerbten Prüfkörpern gibt das charakteristische Werkstoffverhalten duktiler Betone unter Zugbeanspruchung korrekt wieder. Die aus diesen Versuchen erhaltenen Spannungs-Dehnungsbeziehungen können als materialspezifisch angesehen werden.

Hochduktile Betone sind weitgehend kerbunempfindlich. In den meisten Versuchen war – wegen einer „Vorgabe" des Versagensquerschnittes durch Kerben (der nicht unbedingt den schwächsten Querschnitt der Probe darstellt) sowie durch den mehraxialen Spannungszustand an den Kerben – sogar eine Festigkeitssteigerung gegenüber ungekerbten Prüfkörpern zu verzeichnen (ähnlich wie bei Stahl!). Der komplexe Spannungszustand, der von der Kerbgeometrie abhängt, sowie die durch Kerben bedingte Ungleichmäßigkeit der Rissbildung im durch die Wegaufnehmer begrenzten Messbereich machen die Interpretation der Ergebnisse aus Versuchen an gekerbten Prüfkörpern äußerst schwierig und solche Versuche für die Erfassung des charakteristischen Materialverhaltens nicht geeignet.

Lasteintragungsart
Für die Durchführung der Zugversuche hat sich die Verwendung von unverdrehbaren Lasteinleitungsplatten als vorteilhaft erwiesen. Durch eine solche Versuchsanordnung wird eine gleichmäßige Dehnungsverteilung über den Probenquerschnitt erzielt, im Gegensatz zu Versuchen mit verdrehbaren Lasteinleitungsplatten.

Probengröße
Der Einfluss der Prüfkörpergröße auf die Höhe der Zugfestigkeit und der Erstrissspannung ist in einaxialen Zugversuchen an hochduktilem Beton wenig ausgeprägt. Die Werte der Bruchdehnung nehmen mit zunehmender Prüfkörpergröße tendenziell ab. Es ist zu beachten, dass die Orientierung der Fasern durch die Probengröße und -geometrie beeinflusst werden kann. Eine sinnvolle Größe der Prüfkörper ist unter Berücksichtigung der charakte-

ristischen Abmessungen der herzustellenden Bauteile zu wählen.

Nachbehandlung
Die Art der Nachbehandlung bzw. Lagerung beeinflusst die Leistungsfähigkeit hochduktiler Betone. Die Wahl der Nachbehandlung der Prüfkörper soll sich an die geplanten Verhältnisse bei der Herstellung und Nutzung eines Bauwerks aus hochduktilem Beton richten. Ansonsten scheint die neutralste Nachbehandlung durch Versiegelung (keine Wasseraufnahme, kein Wasserverlust) für eine Standardprüfung am besten geeignet.

Versuchssteuerung
Die Versuchssteuerung durch den Maschinenweg ist für eine stabile Durchführung einaxialer Zugversuche vollkommen ausreichend.

Indirekte Prüfmethoden
Das mechanische und bruchmechanische Verhalten von Beton unter Zugbeanspruchung wird traditionell meist unter Verwendung von i. d. R. weniger aufwendigen Biegezugversuchen ermittelt. Der sich im Laufe solcher Versuche permanent über die Höhe des Prüfkörpers verändernde Dehnungsgradient und die dadurch verursachte ständige Spannungsumverteilung machen die Auswertung der Biegezugversuche an Werkstoffen mit nichtlinearem Verhalten extrem schwierig, wenn keine klare Vorstellung bezüglich des charakteristischen Verlaufs der Spannungs-Dehnungs- und Spannungs-Rissöffnungsbeziehungen vorliegt.

Vier-Punkt-Biegezugversuche an ungekerbten Balken können jedoch – nach einer vorangegangenen Verifikation durch einaxiale Zugversuche – zur Qualitätskontrolle bei der Herstellung von hochduktilem Beton verwendet werden. Eine Ableitung der charakteristischen Spannungs-Dehnungsbeziehungen aus Biegezugversuchen ist derzeit noch nicht durch einen zuverlässigen Algorithmus gesichert. An solchen Algorithmen wird gearbeitet, siehe z. B. [14].

5 Stoffgesetz für das Verhalten unter Zugbeanspruchung

Um mit dem neuen Werkstoff in der Praxis zielsicher arbeiten zu können, werden geeignete stoffgesetzliche Beziehungen benötigt. Entsprechend der sich bewährten Vorgehensweise sollen für die Formulierung von Stoffgesetzen zur Beschreibung des Verhaltens hochduktiler Betone unter Zugbeanspruchung grundsätzlich zwei Ebenen der Ausführlichkeit bzw. Präzision verwendet werden.

Für die „gewöhnliche" Bemessung bzw. für die Analyse des Einflusses der Beanspruchbarkeit des Werkstoffes unter Zug auf das mechanische Verhalten der Konstruktion reicht die Materialbeschreibung als elastisch-plastisch aus (Abb. 16). Bei diesem Ansatz werden drei Materialkennwerte gebraucht: der Elastizitätsmodul E_0, die zulässige Zugspannung $\sigma_{t,zul}$ und die zulässige Bruchdehnung $\varepsilon_{t,\,zul}$. Im Gegensatz zum Elastizitätsmodul E_0, der direkt aus den entsprechenden Versuchen übernommen werden kann, sind die Kennwerte $\sigma_{t,zul}$ und $\varepsilon_{t,zul}$ unter Verwendung von Abminderungsfaktoren aus den Messwerten der Erstrissspannung σ_1 bzw. f_t und der Bruchdehnung ε_{tu} abzuleiten. Eine abgesicherte Angabe der Höhe dieser Abminderungsfaktoren kann derzeit noch nicht erfolgen. Qualitativ ist hier festzuhalten, dass wegen der i. d. R. größeren Streuung der ε_{tu}-Werte, für diesen Werkstoffparameter auch eine stärkere Abminderung vorzunehmen ist.

Für die Schnittgrößenermittlung bzw. eine Analyse des Festigkeits- und Verformungsverhaltens der Konstruktion ist, auch unter der Prämisse der Vereinfachung, eine möglichst präzise Wiedergabe des charakteristischen Materialverhaltens anzustreben. Dieser Forderung wird hier durch die Wahl einer bilinearen Spannungs-Dehnungskurve, bestehend aus zwei ansteigenden Geradenabschnitten, Rechnung getragen. Vier Werkstoffparameter sind relevant: der E-Modul E_0, die Erstrissspannung σ_1, die Zugfestigkeit f_t und die Bruchdehnung ε_{tu}.

Auf die Berücksichtigung des im Experiment beobachteten abfallenden Astes der Kurve kann im Allgemeinen verzichtet werden. Der Beitrag dieses Kurvenabschnittes bei der Berechnung des Festigkeits- und Verformungsverhalten der Bauteile üblicher Abmessungen ist relativ gering. Eine zutreffende Beschreibung des abfallenden Astes könnte als bilineare Kurve erfolgen; dies würde jedoch die Einführung von drei zusätzlichen Kennwerten erfordern. Eine weitere Steigerung der Komplexität bestünde darin, dass das Entfestigungsverhalten nicht durch eine Erweiterung der Spannungs-Dehnungsbeziehung erfolgen muss, sondern – aufgrund der Lokalisierung des Versagens nach dem Erreichen der Bruchdehnung – durch eine Spannungs-Rissöffnungsbeziehung.

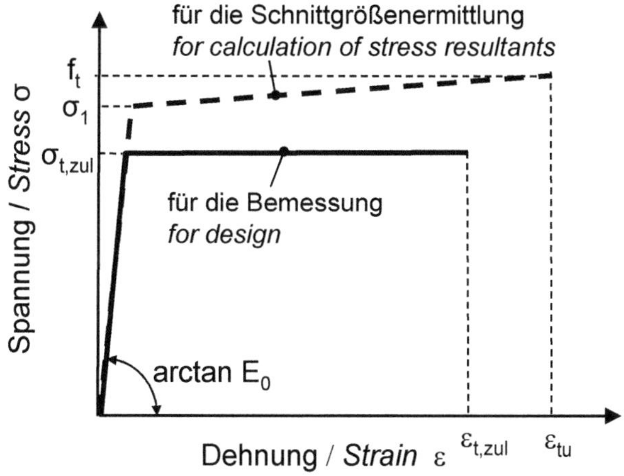

Abb. 16 *Stoffgesetz für das Betonverhalten unter einaxialer Zugbeanspruchung*
Figure 16 *Material law for the behaviour of concrete subjected to uniaxial tension*

Die Ermittlung der o. g. Kennwerte soll aus den einaxialen Versuchen an ungekerbten Proben erfolgen, wie in Abschnitt 4.5 beschrieben.

Eine Abschätzung des E-Moduls und der Erstrissspannung σ_1 auf der Basis der Druckfestigkeitsprüfung ist zwar theoretisch möglich, jedoch fehlt zur Ableitung der Umrechnungsfaktoren bisher eine hinreichende Datenbasis. Über die für die Leistungsfähigkeit duktiler Betone maßgebende Größe, die Bruchdehnung ε_{tu}, kann anhand von Druckversuchen keine Aussage getroffen werden. Laufende Untersuchungen zeigen, dass eine Ableitung der für ein Stoffgesetz benötigten Kennwerte aus Biegezugversuchen möglich sein soll [14].

Wichtig für die weitere Entwicklung des Materials wäre eine theoretische Ableitung des Stoffgesetzes auf der Basis eines mikromechanischen Modells als Funktion der Rissdichte, Faserorientierung, Eigenschaften des Verbundes zwischen Fasern und Matrix. Die bisherigen Überlegungen zeigen, dass dies bald gelingen kann.

Im Hinblick auf die Beschreibung des Verhaltens von hochduktilem Beton unter Druckbeanspruchung scheint die Annahme eines elastisch-plastischen Verhaltens als angebracht. Die Bruchdehnung liegt i. d. R. zwischen 0,3 und 0,5 %. Inwieweit die Bruchdehnung unter Druckbeanspruchung aus der Druckfestigkeit des Betons und seiner Kennwerte für Zugbeanspruchung abgeleitet werden kann, muss noch geprüft werden.

6 Zusammenfassung

In diesem Beitrag wurde zunächst die Bedeutung der Duktilität des Betons für das Tragverhalten, die Sicherheit und die Gebrauchfähigkeit von Betonkonstruktionen und -bauteilen erläutert. Anschließend wurde dargestellt, wie hochduktile Betone mit Kurzfaserbewehrung auf der Basis der bruchmechanischen Ansätze und mikromechanischen Modellierung gezielt entwickelt werden können.

Es wurden Beispielrezepturen von hochduktilen Betonen mit einem Kunststofffasergehalt von ca. 2 Vol.-% angegeben, die unter Zugbeanspruchung ein ausgeprägtes Verfestigungsverhalten und eine Bruchdehnung von bis zu 5 % aufweisen.

Des Weiteren wurden die Herstellung und Prüfung solcher Betone im frischen Zustand behandelt. Zusammenfassend lässt sich feststellen, dass hochduktile Betone mit Kunststofffasern im Allgemeinen unter Verwendung üblicher Geräte und Vorrichtungen hergestellt und verarbeitet werden können. Ein besonderes Augenmerk ist hierbei auf die Konsistenz und Homogenität der Mischung zu richten. Die Prüfung der Frischbetoneigenschaften kann in Anlehnung an die zur Prüfung selbstverdichtender Betone verwendeten Verfahren erfolgen. Für eine quantitative Kontrolle der Gleichmäßigkeit der Faserverteilung gibt es hoch kein praxisgerechtes Verfahren. Hier besteht eindeutig Forschungsbedarf.

An einem der entwickelten hochduktilen Betone wurden Untersuchungen zum Einfluss diverser Prüfparameter auf das Messergebnis durchgeführt, mit dem Ziel, darauf aufbauend einen Vorschlag für eine geeignete, standardfähige Prüfmethodik auszuarbeiten. Die wichtigsten Schlussfolgerungen aus den Untersuchungen lassen sich wie folgt zusammenfassen:

- Einaxiale Zugversuche an ungekerbten, knochenförmigen Prismen sind zur Erfassung des charakteristischen Werkstoffverhaltens unter Zugbeanspruchung am besten geeignet.
- Die in der Materialprüfung übliche Versuchssteuerung durch die Vorgabe einer konstanten Geschwindigkeit des Maschinenquerhauptes (Wegsteuerung) ist für eine stabile Durchführung solcher Zugversuche vollkommen ausreichend.
- Die Verwendung von unverdrehbaren Lasteinleitungsplatten hat sich als vorteilhaft erwiesen, da durch diese Versuchsanordnung eine gleichmäßige Dehnungsverteilung über den Probenquerschnitt erzielt wird.
- Der Einfluss der Prüfkörpergröße auf den Verlauf der Spannungs-Dehnungsbeziehung ist in einaxialen Zugversuchen an hochduktilem Beton wenig ausgeprägt. Allerdings nimmt die Bruchdehnung mit zunehmender Prüfkörpergröße etwas ab. Eine sinnvolle Größe der Prüfkörper ist unter Berücksichtigung der charakteristischen Abmessungen der herzustellenden Bauteile zu wählen.
- Die Wahl der Nachbehandlungsart für Prüfkörper soll sich an die geplanten Verhältnisse bei der Herstellung und Nutzung eines Bauwerks aus hochduktilem Beton richten. Ansonsten scheint die neutralste Nachbehandlung durch Versiegelung (keine Wasseraufnahme, kein Wasserverlust) für eine Standardprüfung am besten geeignet.
- Vier-Punkt-Biegezugversuche an ungekerbten Balken können – nach einer vorangegangenen Verifikation durch einaxiale Zugversuche – zur Qualitätskontrolle bei der Herstellung von hochduktilem Beton verwendet werden. Eine Ableitung der charakteristischen Spannungs-Dehnungsbeziehungen aus Biegezugversuchen ist derzeit noch nicht durch einen zuverlässigen Algorithmus gesichert.

Auf der Basis der Versuchsergebnisse wurde des Weiteren ein Vorschlag für die Formulierung von Stoffgesetzen zur Beschreibung des Verhaltens hochduktiler Betone unter Zugbeanspruchung ausgearbeitet. Die beiden vorgeschlagenen Ansätze – für die Bemessung und für die Schnittgrößenermittlung – stellen bi-lineare Beziehungen dar.

Aufgrund ihres vorteilhaften, leicht beschreibbaren Spannungs-Dehnungsverhaltens – im Allgemeinen vergleichbar mit Stahl – könnte die Verwendung dieser Betonart sowohl den Entwurf, die Konstruktion und die Bemessung als auch die Instandsetzung von Betonbauwerken in speziellen Anwendungsgebieten revolutionieren. Beispiele für vielseitige Anwendungen hochduktiler Betone sind in den weiteren Beiträgen dieses Bandes enthalten. Ansonsten ist vor allem Phantasie und Mut der am Bau Beteiligten gefordert!

7 Literatur

[1] Naaman, A. E.: Strain hardening and deflection hardening fiber reinforced cement composites. In: High Performance Fiber Reinforced Cement Composites (HPFRCC4), A. E. Naamann and H. W. Reinhardt (eds.), Ann Arbor, Michigan, RILEM Publications, pp. 95-104, 2003.

[2] Li, V. C.: On Engineered Cementitious Composites (ECC): A Review of the Material and its Applications. J. Advanced Concrete Technology, Vol. 1, No. 3, pp. 215-230, 2003.

[3] Li, V. C.: From micromechanics to structural engineering – The design of cementitious composites for civil engineering applications. JSCE J. of Struc. Mechanics and Earthquake Engineering, 10 (2), pp. 37-48, 1993.

[4] Li, V. C., Wu, C., Wang, S., Ogawa, A., Saito, T.: Interface tailoring for strain-hardening PVA-ECC. ACI Materials Journal, 99 (5), pp. 463-472, 2002.

[5] Kong, H.-J., Bike, S. and Li, V. C.: Development of a self-compacting ECC employing electrosteric dispersion/stabilization. J. Cement and Concrete Composites, 25(3), pp. 301-309, 2003.

[6] DIN EN 459-2: Baukalk Teil 2, Prüfverfahren. Deutsche Fassung EN 459-2:2001, Februar 2002.

[7] Kanda, T., Kanakubo, T., Nagai, S., Maruta, M.: Technical consideration in producing ECC pre-cast structural element. Proceedings of the International Workshop on High Performance Fiber Reinforced Cementitious Composites in Structural Applications, Honolulu, Hawaii, USA, May 23-26, 2005.

[8] Kim, Y. Y., Kong H. J., Li, V. C.: Design of Engineered Cementitious Composite (ECC) suitable for wet-mix shotcreting. ACI Materials J., 100 (6), pp. 511-518, 2003.

[9] Mechtcherine, V.: Bruchmechanische und fraktologische Untersuchungen zur Rissausbreitung in Beton. Schriftenreihe des Instituts für Massivbau und Baustofftechnologie, Heft 40, Universität Karlsruhe, 2000.

[10] Mechtcherine, V., Haist, M., Stärk, L., Müller, H. S.: Optimisation of the rheological and fracture mechanical properties of lightweight aggregate concrete. Proceedings of the Seventh International Symposium on Brittle Matrix Composites, A. M. Brandt, V. C. Li and I. H. Marshall (eds.), Woodhead Publishing Ltd./Cambridge - ZTUREK/Warsaw, pp. 301-310, 2003.

[11] Mechtcherine, V., Müller, H. S.: Effect of the test set-up on fracture mechanical parameters of concrete. Fracture Mechanics of Concrete Structures, H. Mihashi and K. Rokugo (eds.), Aedificatio Publishers, pp. 377-386, 1998.

[12] Yang, E., Li, V. C.: Rate dependence in Engineered Cementitious Composites. Proceedings of the International Workshop on High Performance Fiber Reinforced Cementitious Composites in Structural Applications, Honolulu, Hawaii, USA, May 23-26, 2005.

[13] Mechtcherine, V., Schulze, J.: Testing the behaviour of strain hardening cementitious composites in tension. Proceedings of the International Workshop on High Performance Fiber Reinforced Cementitious Composites in Structural Applications, Honolulu, Hawaii, USA, May 23-26, 2005.

[14] Østergaard, L., Olesen, J. F.: Method for determination of tensile properties of ECC I: Formulation and parameter variations. Proceedings of the International Workshop on High Performance Fiber Reinforced Cementitious Composites in Structural Applications, Honolulu, Hawaii, USA, May 23-26, 2005.

Optimierung der Zusammensetzung und Herstellung, Anwendungen für Betonfertigteile

Optimisation of the composition and fabrication methods; Applications for precast concrete members

Gideon van Zijl

Synopsis

Bezüglich der Entwicklung und technischen Umsetzung zementgebundener Materialien für spezielle Anwendungen im Bauwesen lässt sich ein internationaler Trend feststellen. Insbesondere werden neue Arten faserverstärkter, zementgebundener Verbundwerkstoffe (FRC) entwickelt. Bei FRC variieren die Volumenanteile der Fasern von niedrig ($V_f < 1$ %), anwendbar i. A. zur Kontrolle von Schwindrissen oder Verbesserung des Scherwiderstandes, über mittlere Volumengehalte (1 % $\leq V_f \leq$ 2 %) zur Verbesserung des mechanischen Verhaltens bei Zug-, Ermüdungs- oder Stoßbeanspruchung, bis zu hohen Fasergehalten (V_f bis zu 20 %), die das mechanische Verhalten bei Zugbeanspruchung deutlich verbessern. Als Antwort auf den Bedarf nach FRC mit einem hohen Leistungsvermögen bezüglich Festigkeit und Zähigkeit, ohne geschwächte Werkstoffbereiche infolge ungleichmäßiger Faserorientierung oder der Erfordernis spezieller Verarbeitungsgeräte, wird seit einiger Zeit das Konzept der sog. „engineered cementitious composites" (ECC) verfolgt. Durch mikromechanische Ansätze wurde es möglich, die Materialzusammensetzung im Hinblick auf die mechanischen Eigenschaften und die Dauerhaftigkeit bei mittleren Gehalten an kurzen Fasern (1 % $\leq V_f \leq$ 3 %) zu optimieren. In diesem Aufsatz werden diese Werkstoffe und die Entwicklung geeigneter Verarbeitungstechnologien beschrieben und ihre besondere Eignung für die Anwendung bei Fertigteilen diskutiert.

An international trend exists in designing and engineering new cement-based materials for special structural applications. In particular, new classes of fibre reinforced cement-based composites (FRC) have been developed. In FRC, fibre volume fractions vary from low ($V_f < 1\%$), usually for plastic shrinkage crack control or increased shear resistance, to medium volume fractions ($1\% \leq V_f \leq 2\%$) in which case the fibres enhance mechanical behaviour in turn, increasing tensile, fatigue and impact resistance, to high fibre volume fractions (V_f up to *20%*), when the fibres significantly improve tensile mechanical behaviour. More recently, the concept of engineered cement-based composites (ECC) arose to answer the need for FRC to exhibit high performance in strength and toughness without planes of weakness due to fibre orientation and without the requirement of special processing equipment. With the aid of micro-mechanical descriptions, it has become possible to optimize material composition for both mechanical and durability characteristics with medium volumes ($1\% \leq V_f \leq 3\%$) of short fibres. In this paper, materials and processing technology development of these materials is described and applications in the particularly suitable form of pre-fabrication are discussed.

Prof. Dr.-Ir. Gideon van Zijl, Department of Civil Engineering, University of Stellenbosch, Stellenbosch, Südafrika

1 Introduction

The improved performance of structural concrete remains a strong research focus worldwide. Among modern developments count the development and application of high performance concrete, including high strength concrete, concrete of superior durability and self-compacting concrete. Concrete of high compressive strength has been used, with special benefit of slender, cost-effective columns in tall concrete buildings and reduced cross sections to minimise the own weight of bridge superstructures. Durability of concrete has been the topic of intense research on national and international level. Ease of construction as well as superior compaction, quality of finishes and realisation of complex structures have been addressed in the same period by the development and improvement of self-compacting concrete.

In this paper, research on classes of cement-based composites, which have superior tensile strength and ductility to normal concrete or mortar, is described. The low tensile strength, but also dangerous brittle nature of plain concrete is not satisfactorily overcome by steel reinforcement in particular applications and/or under certain loading actions. Several solutions have been explored, resulting in fibre reinforced concrete (FRC) in general and contemporary high performance fibre reinforced cement-based composites (HPFRC), which exhibit either high tensile strength (van Mier 2004, Karihaloo and Alaee 2003) or high ductility. A particular class of HPFRC is discussed in this paper, the so-called engineered cement-based composites (ECC). The main feature of this class of composites is an increased tensile resistance after first cracks appear, or so-called strain hardening tensile behaviour. This is achieved despite relatively low fibre volumes (V_f), usual mixing and casting procedures and discontinuous, short fibres.

FRC suffers the stigma that a large amount of fibres is required to significantly influence mechanical behaviour. The application of fibres in mortar and concrete varies from low volume fractions (V_f <1%), usually for plastic shrinkage crack control, through medium volume fractions (1% ≤ V_f ≤ 3%) in which case the fibres enhance mechanical behaviour, increasing tensile, fatigue and impact resistance, to high fibre volume fractions (V_f up to 20%). The materials reported in this paper fall into the category of medium fibre volume, with typical values in the range 1-3%. The successful achievement of significant mechanical enhancement with such relatively low fibre contents is attributed to Li (1992, 1998), who originated the formulation of micro-mechanically based mathematical models, and who pioneered systematic characterisation of major influences on the mechanical response of ECC.

HPFRC and ECC have the common goal of a tough tensile response of cement-based material. While HPFRC usually has relatively high tensile strength, the main characteristic of ECC is tensile strain hardening or increased resistance upon further increase in strain after initial cracking. This strain hardening phase may extend over a large strain range, producing ductile tensile response with ultimate strain levels up to and beyond 5%. It is accompanied by the formation of many, closely spaced, fine cracks, instead of one or a few wide, localised cracks as in normal brittle cement-based composites. This multiple cracking feature may provide crack control in reinforced concrete (RC), whereby not only is the durability in service conditions improved, but the failure mechanism of bond-slip and splitting is altered, whereby direct and indirect (flexural) tensile resistance of RC is significantly enhanced (Fisher and Li 2002).

The crack-control feature of ECC described above usually requires the use of fine aggregates. This is a major difference with normal FRC. The particle size is related to the crack width. If the width must be restricted to prevent or restrict gas, fluid or salt ingress, the aggregate particle size must be in the order of the required limiting crack width. The implication is that special attention must be given to creep and shrinkage, which is not discussed in this paper, but is a current research focus. For the same reason of crack width restriction, the fibre diameter must be limited. So, ECC typically consists of Portland cement, silica fume or fly ash, fine sand, water and 1-3% fine polymeric fibres by volume.

In this paper, the continued research toward optimising the composition of ECC is described. It is essential to balance the ingredients to obtain a favourable failure mechanism, through optimal fibre-matrix interaction, but it is equally important to ensure uniform fibre dispersal to avoid weak areas, where brittle, local failures will concentrate. The mechanical behaviour is influenced also by processing techniques. Although an initial motivation was to ensure that normal mixing and processing techniques could be used for fibre-reinforced composites, other processes can also be used. These processes may cause different mechanical behaviour of the product by influencing fibre orientation and density. Properties are also indirectly influenced by the need to adjust material composition and rheology to enable processing by a particular method, for instance extrusion. These issues are addressed separately in section 3. Finally, precast elements are discussed in section 4 as a particularly suitable application. Over and above the usual benefit of quality control, this construction method addresses the current reality in the international construction industry, namely a strong reduction in the number of skilled workers.

2 Optimisation of ECC composition

The interfacial bond characteristics play a governing role in the composite action in all reinforced concrete or other cement-based composites. In reinforced concrete, this interaction is the mechanism behind the tension-stiffening phenomenon. In the cracked state, anchorage of the steel in the concrete beyond the cracked region is essential in mobilising the steel tensile resistance. This anchorage is achieved by a steel-matrix interfacial bond in the case of prismatic bars, and mechanical interlock in the case of deformed, non-prismatic bars. Similar interfacial interaction ensures the successful tensile resistance by short fibre reinforced cement-based composites. The fibres may be deformed, for example typical hooked steel fibres, to enable mechanical interlock. Alternatively, prismatic fibres are used, for example synthetic fibres, in which case the interfacial interaction depends on chemical and frictional bond between the fibres and matrix. Here lies the key to optimizing FRC materials. Such designing/engineering of the parameters which influence this fibre-matrix interaction, has led to the particular class of FRC, namely engineered cement-based composites ECC, which are described in this paper.

ECC has been developed with simple, standard processing methods in mind, so it makes use of relatively low volumes (1-3% by volume) of short fibres. Despite the low volume of fibres, ductile tensile behaviour is achieved by successful crack-bridging by the fibres. This leads to multiple, fine and closely spaced cracks, as shown in Figure 1. Apart from high ductility, pseudo strain-hardening, or gradually increased strength with increased deformation beyond the first cracking stress, can be seen in the figure.

The parameters of ECC mechanical behaviour are revealed by simple analytical formulations for the prediction of tensile response, for example the prediction of ultimate tensile strength:

$$\sigma_{tu} = \frac{1}{2} V_f \left(\frac{L_f}{d_f} \right) g \, \tau \tag{1}$$

with σ_{tu} = ultimate tensile strength

V_f = fibre volume

L_f, d_f = fibre length and diameter

τ = ultimate bond /shear resistance between the fibre and the matrix

g = snubbing factor, i.e. factor of increase in shear resistance due to fibres being pulled from the matrix at an angle to its embedment orientation.

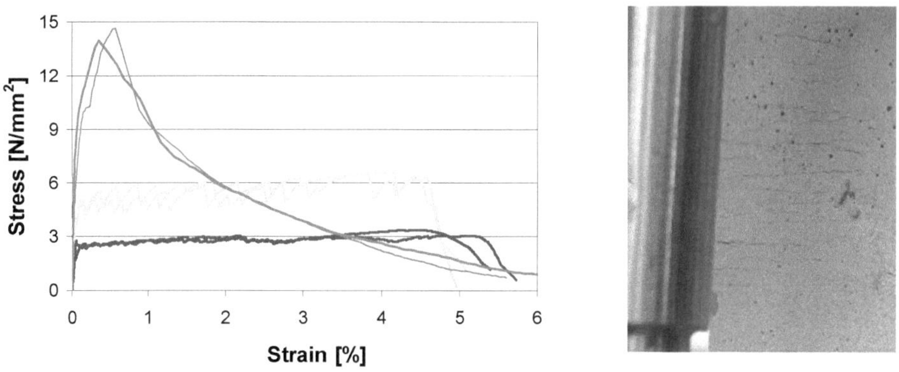

Abb. 1 *Zugverhalten von FRC Probekörpern. Die geringere Festigkeit und die Dehnungsverfestigung gehen mit feinen, eng beieinander liegenden Rissen einher.*
Figure 1 *Tensile response of FRC specimens. The lower strength and the pseudo strain-hardening response are accompanied with fine, closely spaced cracks.*

Eq. (1) is a modification of the ultimate strength prediction of FRC (Aveston et al. 1974) to incorporate the snubbing effect (Li 1992). Eq. (1) hints towards areas of optimization, namely an increased amount of fibre, a reduced fibre diameter and an increased bond between fibre and matrix.

However, high tensile strength is not necessarily the required outcome for ECC. Instead, pseudo strain-hardening and ductility (Figure 1) are beneficial characteristics, because they are associated with the formation of multiple, fine cracks. The ductility leads to significantly increased resistance in cases of strain gradients (bending), while the crack control has obvious benefits for durability in terms of prevention of moisture, salts and gas ingress. It is possible to predict the minimum amount of fibre required for such pseudo strain-hardening behaviour, with the aid of the micro-mechanics based formulation by (Li 1993):

$$V_f^{crit} = \frac{12 J_c}{g\tau \left(L_f / d_f \right) w_c} \tag{2}$$

with V_f^{crit} = minimum fibre volume for pseudo strain-hardening in tension

J_c = the crack tip toughness of the composite

w_c = width of a matrix crack coinciding with the maximum fibre pull-out force.

Experimental characterization (Li 1992b) led to the expression for this crack opening at maximum fibre resistance:

$$w_c = \frac{\tau L_f^2}{E_f d_f \left(1 + V_f E_f / V_m E_m \right)} \tag{3}$$

with E_f, E_m = fibre and matrix elasticity modulus respectively

V_m = the matrix volume fraction = 1- V_f

Expressions (2) and (3) are shown graphically in Figure 2, showing the importance of high interfacial bond (τ) together with low crack tip toughness (J_c) to minimise the required amount of fibres. In this particular composite, the matrix elastic modulus plays an insignificant role (Figure 2, right).

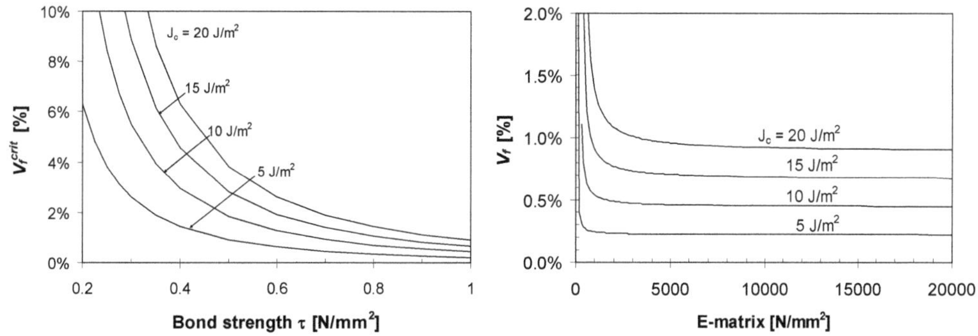

Abb. 2 *Kritische Volumenanteile der PVA-Fasern (L_f = 12 mm, d_f = 40 μm, g = 1) als Funktion der Bruchzähigkeit an der Rissspitze und (a) Verbundfestigkeit (E_m=20 kN/mm²), (b) Elastizitätsmodul der Matrix (τ = 1 N/mm²)*

Figure 2 *Critical fibre volume for PVA fibre (L_f = 12 mm, d_f = 40 μm, g = 1) as a function of crack tip toughness and (a) bond strength (E_m=20 kN/mm²), (b) matrix elasticity modulus (τ = 1 N/mm²)*

From equations (1-3), the main parameters controlling ECC behaviour can be classified as those related to the matrix, namely J_c and to a lesser degree E_m, those related to the fibre, namely V_f, L_f/d_f and E_f, and those related to the fibre-matrix interfacial bond τ and g. In the next sections, research results of optimisation of ECC composition are reported systematically.

2.1 Matrix optimisation

Cement-based composites can contain many different materials, for reasons of particular design, or mere availability in regions of construction. Only the basic constituents are studied here, namely binder (cement, fly-ash), water:binder ratio, aggregate and the aggregate:binder ratio. These constituents in turn influence the matrix toughness, which is related to the crack tip toughness J_c.

The influence of varying the proportions of these ingredients is studied in this section. The standard base mix is given in Table 1. Note that a single fibre type and geometry is used, namely Polyvinyl Alcohol fibre (PVA) with L_f =12 mm and d_f = 40 µm. The influence of variation in the proportions is studied indirectly by comparing the mechanical behaviour of the hardened composite. For this purpose, the direct test results from dog bone shaped specimens, as shown in Figure 3, are presented.

Note that 14 day strengths are shown in all cases, unless otherwise mentioned. Curing comprised of leaving the specimens in water at a constant 23 °C after demoulding. The specimens were subsequently tested in wet condition in a Zwick Materials testing apparatus under displacement rate control at approximately 100 µm/(m·s). In all cases, at least 3 specimens of each type were tested.

Tabelle 1 *Standardmischung eines ECC*
Table 1 *Standard ECC mix*

Constituent	**Mass**
Water	0.40
Binder:	
Cement	0.45
Fly Ash	0.50
Slagment	0.05
Aggregate	0.50
Fibres (by portion of total volume)	2 %

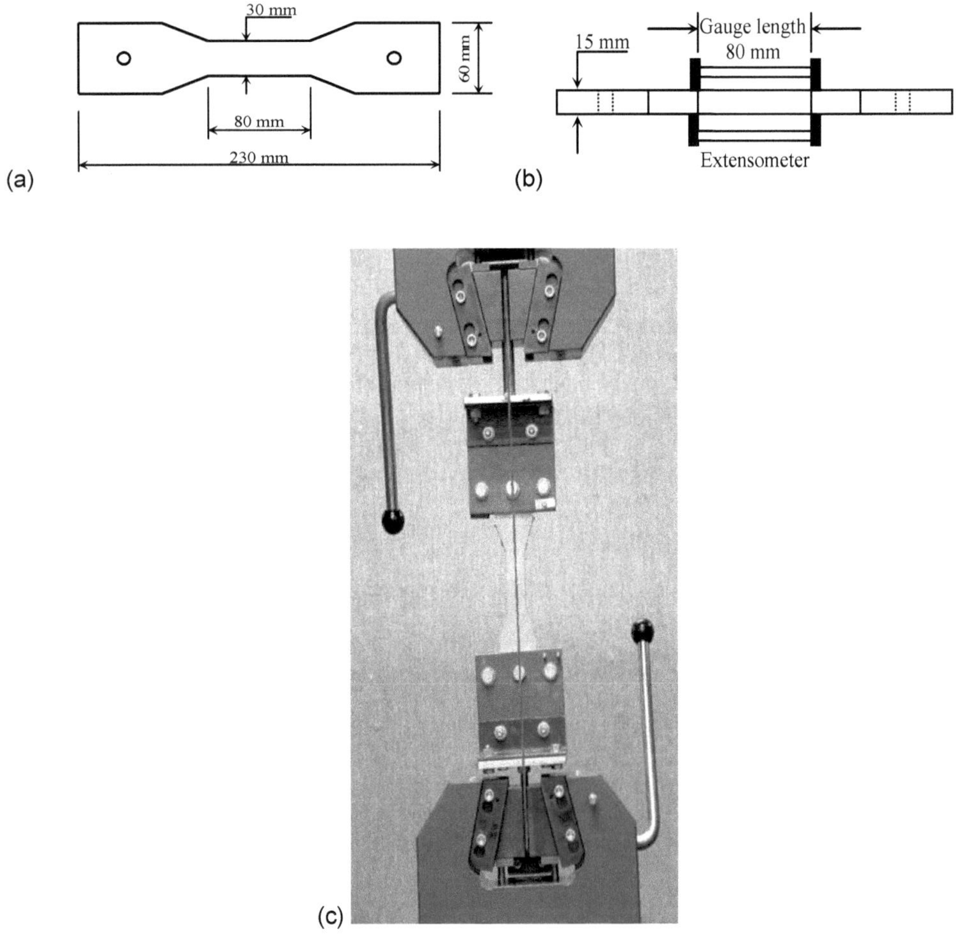

Abb. 3 *(a, b) Eingeschnürte Proben für (c) direkte Zugversuche in einer Zwick-Prüfmaschine*
Figure 3 *(a, b) Dog bone shaped specimens used for (c) direct tensile tests in a Zwick materials testing apparatus*

Aggregate fineness

It was mentioned in section 1 that fine particle aggregate must be used if cracks are to be controlled of having small widths. This is illustrated by the results of direct tensile tests on specimens containing sands of varying median particle size of the same natural sand type in Figure 4. The different gradings were prepared by sieving and grading a natural sand of South Africa.

The first cracking stress and stiffness is relatively insensitive to the sand grading. However, it is apparent that a finer grading enhances ductility, as well as ultimate tensile strength, which are indicators of good crack control in the multiple cracking phase after first cracking.

Note the large scatter in ductility (ultimate strain, Figure 4b), but reasonably low scatter in ultimate strength. A current research activity aims to reduce the scatter in ultimate strain. It is mostly attributed to a poor dispersal of fibres, which can be corrected by creating the correct rheology, as is discussed in section 2.2.

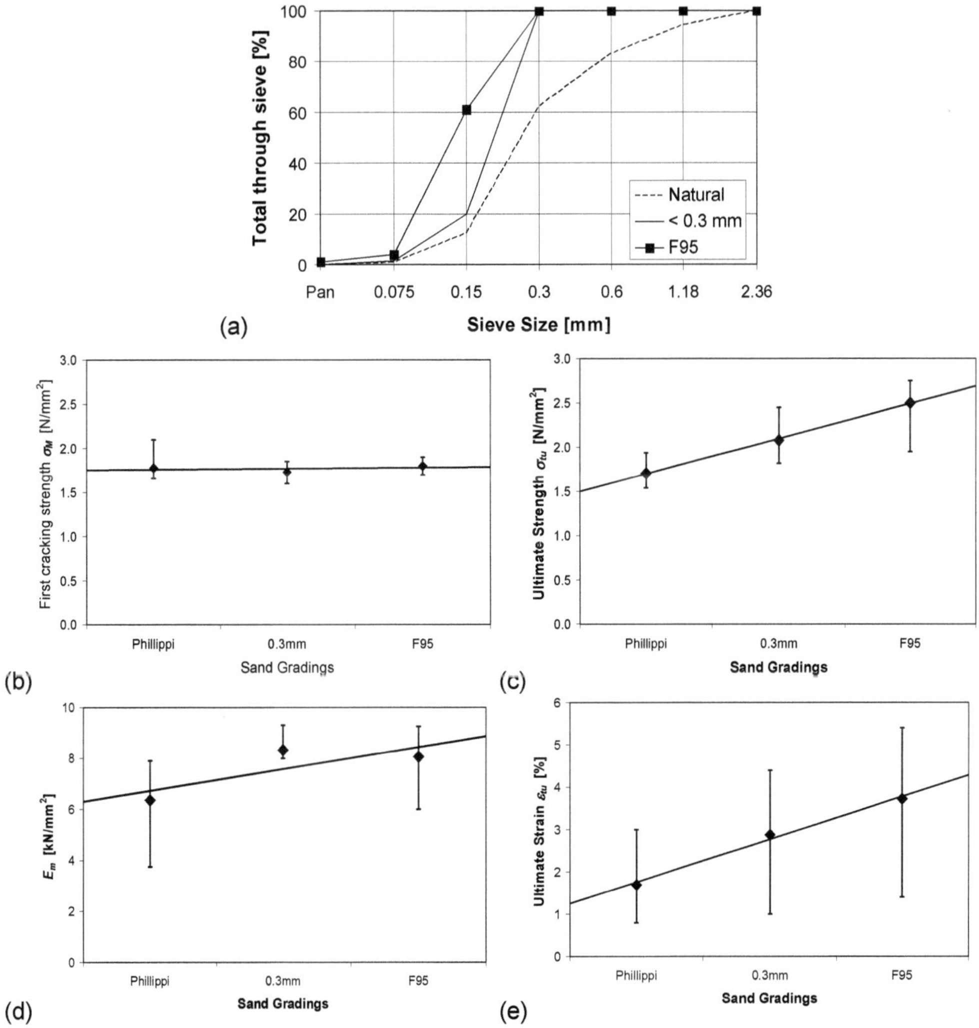

Abb. 4 *(a) Kornabstufungen von Gesteinskörnungen zur Ermittlung des Einflusses der Kornfeinheit auf (b)-(e) die Eigenschaften von ECC unter Zugbeanspruchung*

Figure 4 *(a) Gradings of aggregate used for aggregate fineness influence on (b)-(e) tensile mechanical properties of ECC*

Aggregate:binder

In Figure 5, the sensitivity of the tensile mechanical response of ECC to the aggregate:binder ratio by weight is shown. For this study, varying quantities of the previously described F95 graded natural sand were used, while the other ingredients and proportions remained as in Table 1.

An increased matrix strength and stiffness is apparent in Figure 4a,c. The increase in E-modulus with increased aggregate content is a well-known phenomenon. This phenomenon can be clearly shown by employing the theory of mixtures with one stiff constituent (aggregate) and another, significantly less stiff constituent (paste). The increase in average matrix strength is ascribed to the greater tortuosity in the crack path upon increased aggregate content.

In contrast to the first cracking strength and stiffness, the ultimate strength and strain are reduced with increased aggregate content, Figure 4b,d. The latter two are dominated by the fibres and their ability to successful bridge cracks. This phenomenon is explained by the influence that the amount of aggregate used in the mix has on the matrix fracture toughness. A higher aggregate content leads to a more tortuous crack path. Thereby, a higher amount of fracture energy is dissipated, leading to higher matrix toughness. This places a higher demand on fibres for crack bridging while cracks grow, as reflected in Eq. (2) in terms of a larger fibre volume requirement for increased fracture toughness.

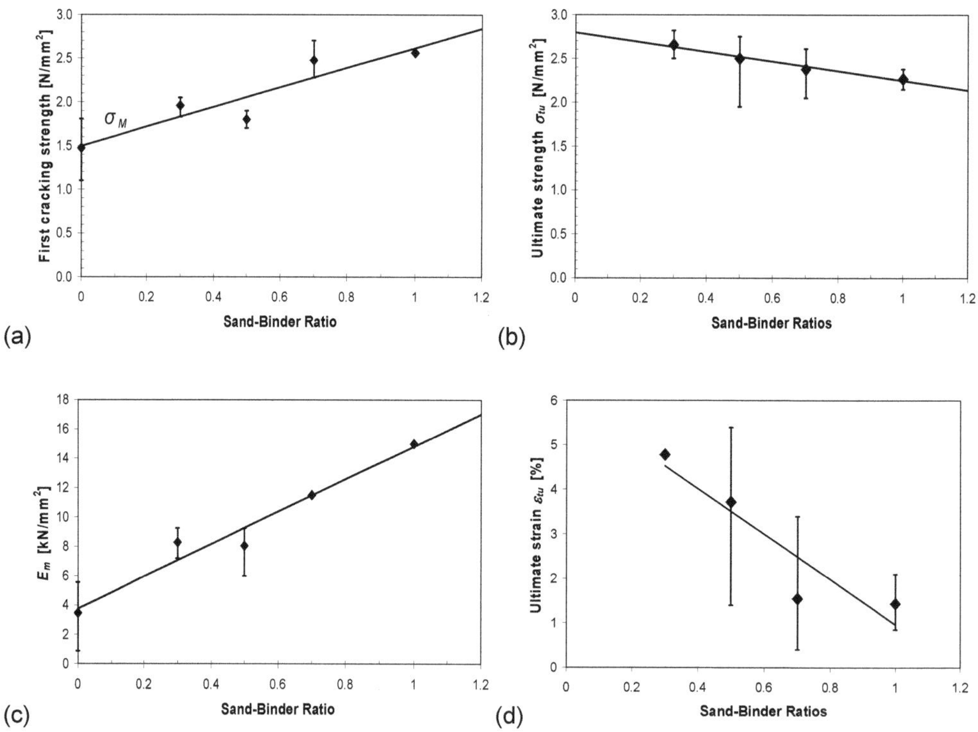

Abb. 5 *Einfluss des Zuschlagstoff/Bindemittel-Verhältnisses auf die einaxiale Zugfestigkeit von ECC, den Elastizitätsmodul und die Bruchdehnung*

Figure 5 *Influence of aggregate:binder ratio on ECC direct tensile strength, elastic modulus and strain capacity*

Fly-ash:binder

To reduce cost, influence matrix toughness as well as an increase in composite durability, it is useful to replace cement with other, cheap binder material like fly ash (FA). The results of a recent study of large volume cement replacement by fly ash are summarised in Figure 6. Here, the same base composite of Table 1 and PVA fibre were used. However, due to the slower strength gain rate for fly-ash mixes, the specimens were tested at 21 days.

As is generally accepted, fly ash contents above 30% of the binder should not significantly influence the further hydration process, as insufficient Calcium hydroxides are released for the surplus fly ash to react with. This is reflected in the insensitivity of the composite tensile strength for FA:B contents above 30% in Figure 6a,b. However, Figure 6c indicates an increased ultimate tensile strain for extreme high FA content. An explanation is proposed for this phenomenon in terms of the changed fibre-matrix interaction. SEM photo's indicate that the fibre-matrix interface transition zone is modified, leading to "adhesive-type" sliding failure behaviour at this interface, as opposed to "adhesive-type" sliding of fibres from the matrix directly at the fibre-matrix interface. To confirm this trend, more tests should be performed, with FA:B ratio's in the range 0.5 < FA:B < 0.7.

Note that this behaviour is not true for all fibre types and geometries. For instance, similar composites, but containing thin (0.16mm) diameter steel fibres were not influenced in the manner indicated by Figure 4c. For these stiffer and stronger fibres, the alteration of the matrix by increasing the FA:binder ratio rather reduces the composite tensile strength and toughness.

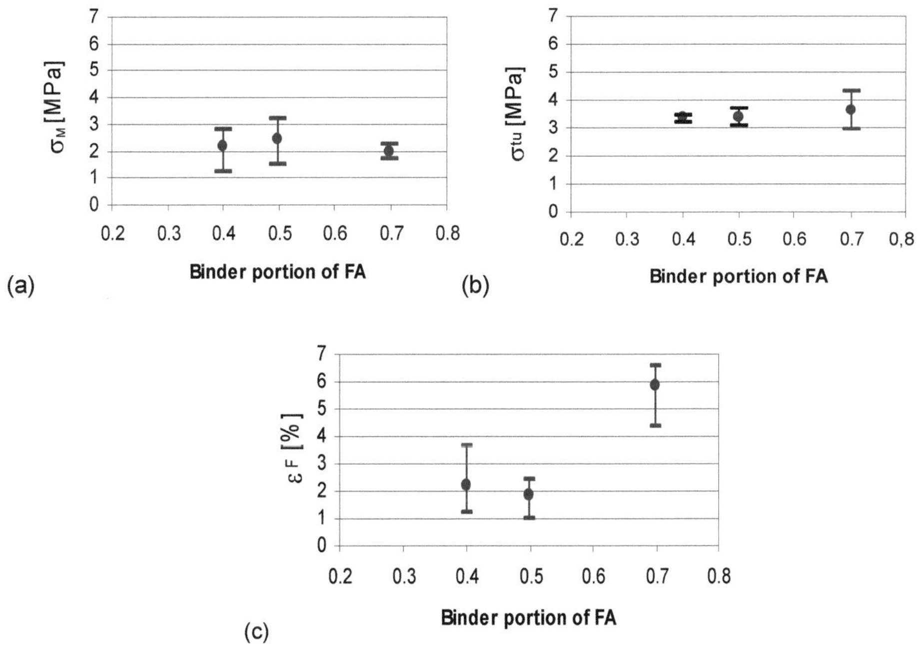

Abb. 6 *Einfluss des Flugasche/Bindemittel-Verhältnisses auf die (a) Erstrissfestigkeit, (b) Zugfestigkeit und (c) Bruchdehnung eines ECC*

Figure 6 *Influence of fly-ash:binder ratio on ECC (a) first cracking strength, (b) ultimate tensile strength and (c) tensile strain capacity*

Water:binder

It is well-known that the water:binder ratio (W:B) influences matrix strength and toughness of cement-based composites. The W:B influence on fibre reinforced cement-based composites can be an important and complex issue. An investigation by Kawamata et al. (2003) has shown that a composite containing similar PVA fibre as studied here was hardly influenced by the W:B ratio. However, Li et al. (1995) report that a decrease in W:B resulted in an increase in both tensile strength and fracture toughness. However, this only holds for low A:B ratios (0.5), while composites with high A:B ratio are insensitive to W:B.

The sensitivity in the low A:B range (0.5) is confirmed by tensile test results from the University of Stellenbosch presented in Figure 7 for the matrix of Table 1 and 2% PVA fibre volume. In Figure 7a, the influence on first cracking stress is seen to be significant, in line with the influence of W:B on cement-based composites, for instance concrete in general. A smaller reduction in ultimate strength with an increase in W:B is shown by Figure 7b. This can be attributed to the fact that the fibres (volume fraction and aspect ratio) are the most important component in terms of ultimate strength according to Eq. (1). Nevertheless, the W:B change should influence the fibre-matrix bond strength (τ), whereby the ultimate tensile strength of the composite is reduced with increased W:B.

However, Figure 7c indicates that the average ultimate strain is insensitive to the W:B ratio. What is clear is that the scatter is reduced with an increase in W:B, which can be attributed to the higher fluidity of mixes with larger W:B, whereby fibre dispersion is improved.

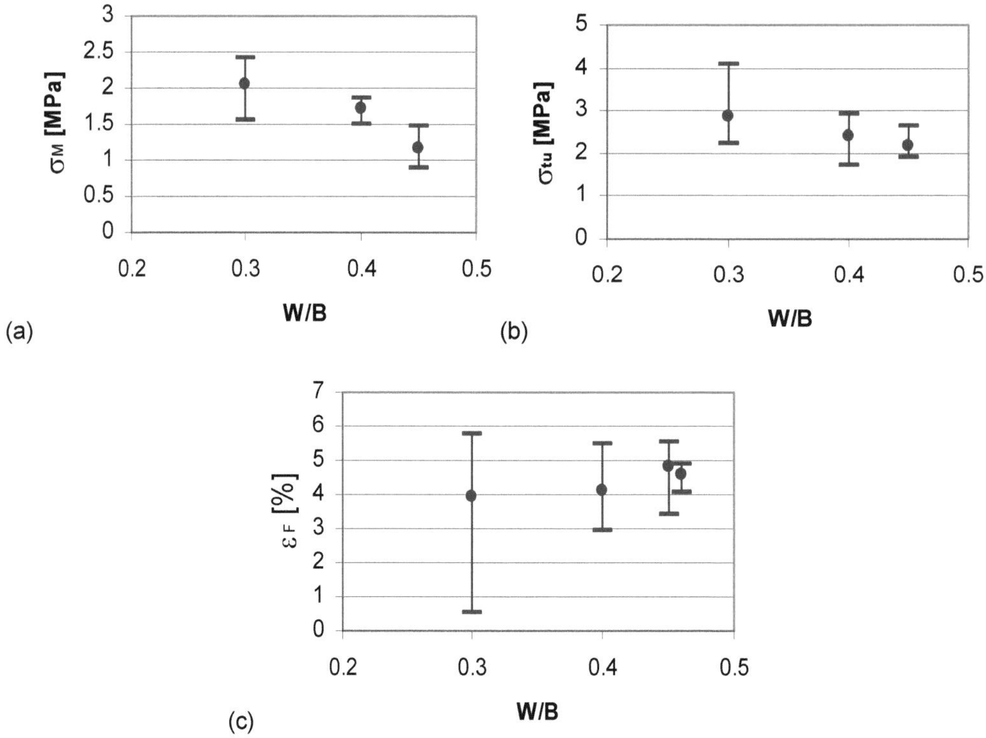

Abb. 7 *Einfluss des Wasser/Bindemittel-Wertes auf (a) Erstrissfestigkeit, sowie (b) Zugfestigkeit und (c) Bruchdehnung eines ECC unter Zugbeanspruchung*

Figure 7 *Influence of water:binder ratio on ECC direct tensile (a) first cracking, as well as (b) ultimate tensile strength and (c) tensile strain capacity*

2.2 Fibre parameter optimisation

Fibre type

From Equations (1-3), the role of fibre amount, aspect ratio and type is clear. Various fibres have been used in cement-based composites and tested to characterise the parameters in the mentioned equations. The parameters are summarised in Table 2. These values enable the design of ECC for particular composite strengths and pseudo strain-hardening. They do not enable the prediction of the level of ductility in terms of ultimate tensile strain. This means that tensile testing remains imperative to establish the true strain capacity. As a guideline, it should be kept in mind that a reduced ultimate strain is usually associated with an increase in strength, as seen in Figure 1.

From a design point of view, it is essential that the ultimate strain is determined to establish which strain level still guaranties the tensile resistance. This is not only true if the tensile mechanical resistance is to be considered structurally, but also for consideration of durability in terms of surface crack width estimation. If the ultimate strain level is exceeded, strain localisation occurs in a single one of the multiple cracks, causing a wide crack, which is detrimental for durability in terms of gas permeability, moisture permeability and salt ingress.

Tabelle 2 *Fasereigenschaften, einschließlich der Verbundparameter in einer Mörtelmatrix*
Table 2 *Fibre properties, including bond parameters in a mortar matrix*

Fibre type	ρ (kg/dm³)	E_f (GPa)	*Strength* (MPa)	*Elongation* (%)	L_f (mm)	d_f (µm)	L_f/d_f	g	τ (MPa)
Steel	7.85	200	300-2000	2-5	15-50	100-600	100	2.0	4
Asbestos	2.55	164	200-1800	2-3	5-40	0.02-30			
Polyethylene:	0.96			3-20					
Spectra		73		4	12.7	38	335	1.6	0.5
Dyneema		73		4	6.7	10	670	1.6	0.5-1
Carbon	1.2-2	200-345	2000-2400	< 2		8-20	300	1.0	2-8
Polyvinyl Alcohol:	1.3								
untreated		40	1620	6	12	40	300		3.5
surface treated									1
untreated		60	1660	6	6	14	430		3.6
surface treated									2
Glass:	2.7	70	600-2500	3.6	10-50	12			
		80			36	12	3000		0.3
E-glass		72.4	2400						
S-glass		88	4600						
Polypropylene	0.9	4-6	300-500	10	5-50	20-100			
		6			13	70	186		0.7
		3.7	295		10	18	556		
		3.7	295		6	18	333		
		3.7	295		10	43	233		

Fibre dispersion

In addition to balanced fibre strength and matrix-fibre interfacial properties, it is essential that the fibres are well dispersed in the matrix. Multiple cracking and the associated tensile ductility and strain hardening require a uniform spatial distribution of the fibres. Due to differences in density, a good mixing procedure does not suffice to achieve proper dispersion in the final product. It has been argued that good workability or fluidity of the fresh material improves fibre dispersion, encouraging the use of workability enhancing agents in ECC to the point that it has become usual to add super-plasticiser (SP). However, Stahli and van Mier (2004) point out the danger of fibre segregation in too fluid mixes. To stabilise the rheology of the mix, viscosity modifying admixtures, or viscosity agents (VA), are commonly added in ECC.

This paper reports the study of SP and VA content in the particular PVA-ECC of Table 1. A composite for casting is investigated, which requires good workability properties to ensure a uniform spreading of the constituents, especially the fibres, but also ease of placement during the casting process. A single fibre volume of V_f = 2% PVA fibres of length 12mm and diameter 40 µm, and a single W/B ratio of 0.4 are used.

In Figure 8a, poor fibre dispersion is shown, attributed to poor rheology. Fibre clumping is clear on the SEM photo, which leads to unsuccessful crack-bridging and premature failure at low deformation. In Figure 8b, good dispersion is shown.

By studying the mechanical behaviour of composites of varying fluidity in terms of flow table measurements, a clear optimum fluidity is revealed by Figure 9a with regard to ultimate tensile strain. In Figure 9b, the consequence of too fluid mixes is shown, namely bleeding of mix water from the composite. This is postulated to cause segregation in the composite in moulds or in general application, causing heterogeneity and associated poor mechanical performance.

(a) (b)

Abb. 8 SEM Fotos von (a) schlechter und (b) guter Faserverteilung
Figure 8 *SEM photo's of (a) poor and (b) good fibre dispersion*

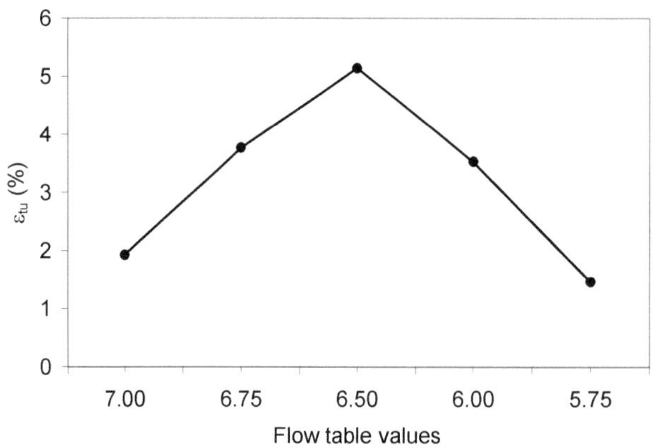

Segregation (bleeding) of composites with too high fluidity

Abb. 9 *Einfluss der Fließfähigkeit von ECC auf die Bruchdehnung ε_{tu} unter Zugbeanspruchung*
Figure 9 *Influence of ECC flowability on tensile strain capacity ε_{tu}*

On the other hand, a too stiff mix prevents even spatial distribution of fibres, also leading to areas of few or no fibres. Thereby, once the matrix strength of such regions is exceeded, followed by cracking there, failure will occur due to poor crack bridging.

The various levels of fluidity shown in the graphs above were obtained with the same mix proportions for all ingredients, including the water, but by varying the chemical additives in the form of super-plasticiser (SP) and viscous agent (VA). Figure 10 shows that an optimum content of VA exists for this particular ECC composite. Studies are currently performed to avoid the use of VA in these ECC's to reduce cost and setting retarding side effects. This entails obtaining the correct rheology for fibre dispersion without the chemical intervention by VA.

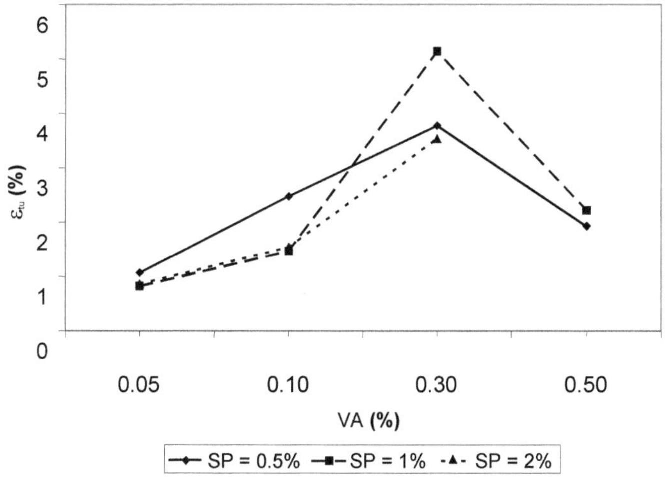

Abb. 10 *Einfluss des Stabilisiereranteils auf die Bruchdehnung unter Zugbeanspruchung*
Figure 10 *Influence of VA content on tensile strain capacity*

3 Fabrication methods

As mentioned in the previous section, it is considered essential that the fabrication of these materials pose no special challenge. Due to the small fibre length, this is in fact the case and all the results shown in the previous section were found for specimens prepared by normal mixing and casting procedures. However, the fabrication method is not restricted to casting. Research and development projects have produced FRC products by extrusion, spinning (pipes) as well as a Hatschek-type process. It should however be kept in mind that the fabrication method influences the mechanical behaviour of the eventual product.

The influence of extrusion has been studied in several research projects (Stang 1999, Peled and Shah 2003, Takashima et al. 2003, De Koker and van Zijl 2004) and will be reported here briefly. The main influences are matrix densification and fibre orientation. Extrusion is a plastic-forming method under relatively high shear and compressive forces. This leads to densification of the material. In addition, due to the longitudinal forming action and friction, fibres tend to orientate in that direction. This has been indicated for ECC with short steel fibres, Figure 11, through visualisation of the steel fibres in a cross section with the CT scanning technique. Also shown in the figure are the fibre orientations for products of spinning, a traditional method of pipe manufacture, as well as normal casting. It can be seen that the orientation is influenced by the main forming action, namely tangential in the case of spinning, random in the cast specimen, and longitudinal in the extruded specimen. Similar fibre alignment in the main fabrication direction has been reported for a Hatschek-type process (Ogawa et al. 2005).

Pipe spinning moulds and apparatus

Pipe extrusion example

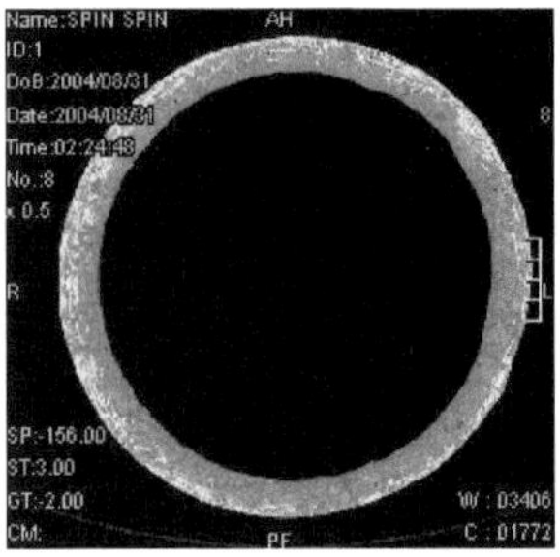

(a) Spinned specimen

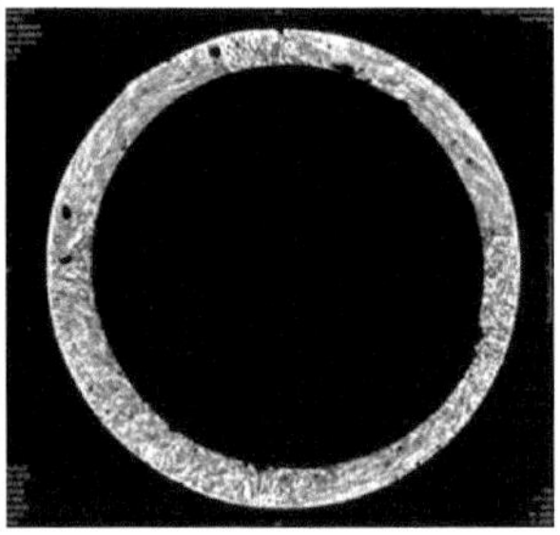

(b) Cast specimen

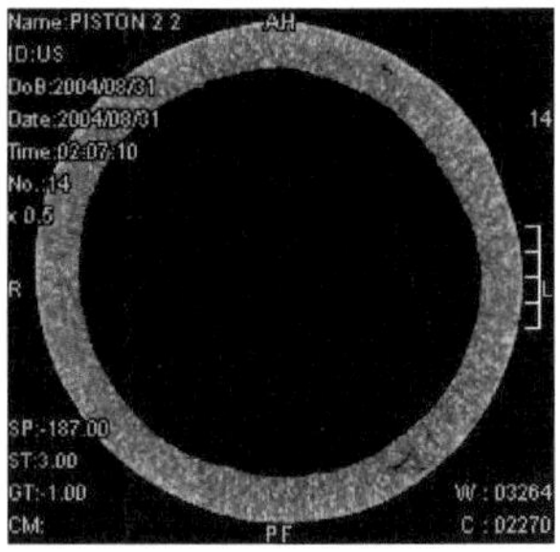

(c) Extruded specimen

Abb. 11 _Faserorientierung veranschaulicht durch CT Analyse an mit unterschiedlichen Verfahren hergestellten Probekörpern: (a) Drehverfahren, (b) normalem Einfüllverfahren, (c) Kolben-Extrusion_

Figure 11 _Fibre orientation visualized through CT scan on specimens from (a) spinning process, (b) normal casting and (c) piston type extrusion_

In addition, the rotational action of spinning causes segregation, whereby most fibres are situated close to the outer perimeter of the pipe. The fibre dispersion is seen to be reasonably good in the cast and extruded pipe specimen.

The alignment of the fibres can be best exploited by aligning the specimen to resist the particular action in this orientation. This is illustrated in Figure 12, where results of bending tests on steel fibre reinforced plates prepared by extrusion and casting are compared. The specimens had cross sections of 70 mm wide and 15 mm thick. They were prepared from the exact same amounts of binder, aggregate, water and thin (0.16mm), short (12mm), steel fibres at V_f=3%. However, because extrusion requires drier mixes than casting, more SP (2.5%) was used for the cast specimens than the extruded specimens (1%).

From Figure 12, it is clear that the extruded specimens have superiour resistance in bending. This is because the fibre alignment is in the main flexural direction, as opposed to the random orientation of the fibres in the cast specimens, which renders many fibres less effective in crack bridging. However, a densification of between 5 and 10% was also recorded for the extruded specimens, relative to the cast specimens. The separate influences of matrix densification and fibre orientation cannot be distinguished objectively. Both phenomena contribute to the observed more than 65% increase in bending resistance.

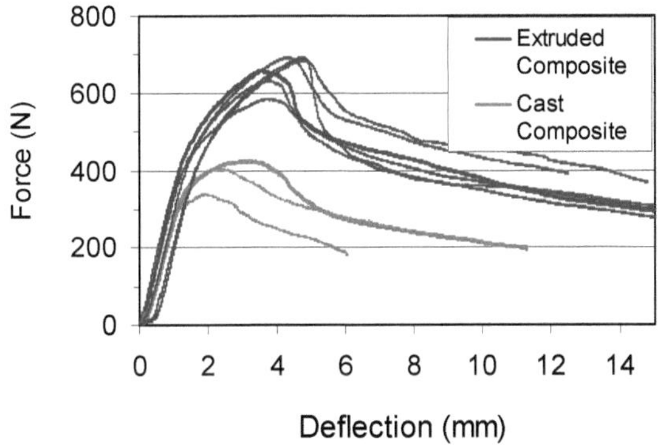

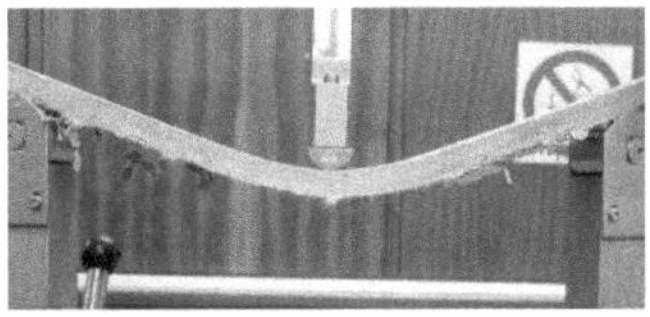

Abb. 12 *Ergebnisse von 3-Punkt-Biegeversuchen an extrudierten und gegossenen plattenförmigen Prüfkörpern*
Figure 12 *Three-point-bending results of extruded and cast plate specimens*

4 Applications in precast members

Cement-based materials with tensile mechanical resistance and especially ductility hold great promise for the Civil Engineering industry. However, it is a new material, yet to reach its full potential in application. Of particular interest is the production of precast construction elements and infrastructure products. Construction with such prefabricated elements forms a large portion of the construction activity internationally, and is emerging as a cheaper method of construction as opposed to in-situ casting of concrete in the relatively young South African construction industry.

Motivation for using ECC for precast products lies in the superiour quality, durability potential through crack control, the tensile strain compatibility with steel reinforcement and potential reduction in element size due to the crack control and tensile capacity of these materials. The strain compatibility between ECC and steel prevents or postpones delamination along steel reinforcement to significantly higher deformations and loads. This mechanism increases composite resistance in loading modes of tension, bending, transverse shear and punching shear.

Widespread interest has been shown by existing precast industries like pipe manufacturers to develop extrusion processes for the production of fibre-reinforced cement-based products. This has led to research and development projects in the USA (Peled and Shah 2003), Japan (Takashima et al. 2003), South Africa (De Koker and van Zijl 2004) and Europe (Denmark) (Stang 1999). The benefits of production include dimensional tolerance and speed of manufacture, brought about by the fact that no moulds are required for the forming and protection of the pipes until sufficient strength is developed. Challenges remain to overcome the higher flexibility of these pipes, by developing suitable placement specifications and to improve fibre orientation to reduce anisotropy.

Thin panels have been developed for application in panel type elements for walling, as shown in Figure 14. By using it as an outer laminate of a composite section, the superiour mechanical properties are exploited optimally. In similar fashion, panels and strips for capacity enhancement of reinforced concrete structural elements have been developed (Karihaloo and Alaee 2004). These panels have been designed to high tensile strength, to replace steel plate used traditionally for such capacity increase.

Several other precast applications are in the research and development phase, including permanent formwork (Van Dyk 2004, Avenant 2005), retrofitting panels for seismic resistance (Kesner and Billington 2005), capacity enhancement plates for reinforced concrete (Karihaloo and Alaee 2004).

(a) *(b)* *(c)*

Abb. 13 *Rohr (a) Extrusion (Stang 1999), (b) Proben hergestellt für (c) Stoßversuche*
Figure 13 *Pipe (a) extrusion (Stang 1999), (b) samples prepared for (c) crushing testing*

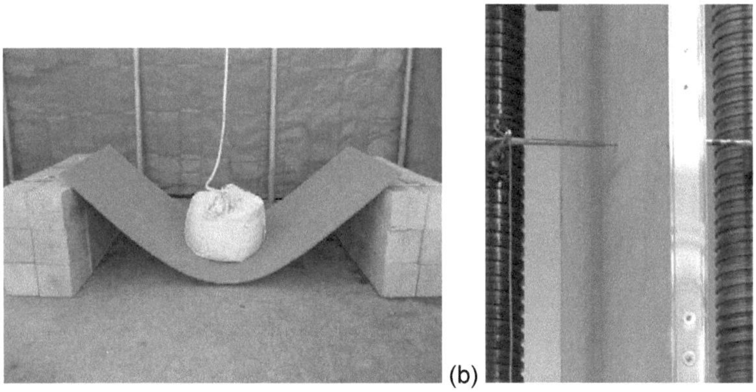

(a) (b)

Abb. 14 *Dünne Paneele mit (a) hoher Flexibilität und Belastbarkeit (Ogawa 2005); (b) Anwendung als Wandpaneele*
Figure 14 *Thin panels of (a) high flexibility and toughness (Ogawa 2005); (b) Application in wall panels*

5 Conclusions

In this paper, an overview has been given of studies towards optimising the composition of a new class of fibre-reinforced cement-based composites, namely engineered cement-based composites. The main characteristic of this new composite type is the pseudo strain-hardening in tension, accompanied by high tensile strain capacity. Physically, multiple, fine cracks arise in tension once the matrix strength is exceeded. These cracks are fine, in the micro range, with the potential of preventing ingress of degenerating gasses, fluids and salts. Formulations which have been proposed for the design and prediction of these materials have been posed to illuminate the important parameters. Experimental evidence of the role of these parameters has been presented, focussing on the influence of matrix toughness, as influenced by the sand grading and quantity, as well as the water binder ratio.

It was shown that the use of a relatively low quantity of fine graded sand leads to the optimal tensile ductility and ultimate strength.

The potential of large quantity cement replacement by fly ash was shown in terms of a significantly increased strain capacity. The physical mechanism was argued to be an alteration of the fibre-matrix interaction.

The important influence of mix fluidity was shown, indicating an optimum value which avoids segregation, while allowing uniform dispersal of fibres throughout the composite.

Fabrication methods influence the mechanical properties by densification and fibre orientation. If the main loading action is aligned with such fibre orientation, a significant increase in resistance is found compared with random orientated fibres.

Finally, a brief discussion on precast / prefabrication of products or structural elements was given. While several research projects indicate the potential of ECC, the full potential of these materials still remains to be reached in this field of application in the international construction industry.

6 Acknowledgements

The support by the South African Ministry of Trade and Industry through the Technology and Human Resources for Industry Programme (THRIP), as well as the industrial partners of the THRIP project 2660, APERC Structures, is gratefully acknowledged. Several students contributed to this research, including WP Boshoff, Gao Song, WD van Dyk and H Stander. Their careful execution of the experimental research has been instrumental in making this contribution to the Civil Engineering research society and industry possible.

7 References

[1] Atsuhisa Ogawa, Yoshinori Hitomi and Hideki Hoshiro: PVA fibre-reinforced high performance cement board, Proceedings of the workshop High Performance Fibre-Reinforced Cement-based Composites, Honolulu, Hawaii, 2005.

[2] Avenant, P.: Permanent Formwork of ECC for reinforced concrete columns, Final year BEng project report, University of Stellenbosch, Stellenbosch, South Africa, 2005.

[3] Aveston, J., Cooper, G.A. and Kelly, A.: Single and multiple fracture. Proceedings of the NPL Conference on the Properties of Fiber Composites, National Physical Laboratory, London, England, pp. 15-26, 1971.

[4] De Koker D. and Van Zijl G.P.A.G.: Extrusion of engineered cement-based composite material. Proceedings 6th Rilem Symposium on Fibre reinforced Concrete (FRC), Varenna, Italy, pp. 1301-1310, 2004.

[5] Fischer, G. and Li, V.C.: Effect of fiber reinforcement on the response of structural members, Fracture mechanics of concrete and concrete structures, Vail, USA, pp. 831-838, 2004.

[6] Kamada, T. and Li, V.C.: The Effects of Surface Preparation on the Fracture Behavior of ECC/Concrete Repair System, J. of Cement and Concrete Composites, Vol. 22, Nr. 6, pp. 423-431, 2000.

[7] Karihaloo, B.L. and Alaee, F.J.: Modelling the behaviour of RC beams retrofitted with CARDIFRC. *Computational Modelling of Concrete Structures* (eds. N Bićanić et al.), Balkema, Lisse, pp. 737-750, 2003.

[8] Kawamata, A., Mihashi. H and Fukuyama, H.: Properties of Hybrid Fiber Reinforced Cement - based Composites, Journal of Advanced Concrete Technology Vol. 1, Nr. 3, pp. 283-290, 2003.

[9] Kesner and Billington, S.L.: HPFRCC infill panels under cyclic loading: Experiments & numerical simulations, Proceedings of the workshop High Performance Fibre-Reinforced Cement-based Composites, Honolulu, Hawaii, 2005.

[10] Kesner, K.E. and Billington, S.L.: Investigation of ductile cement-based composites for seismic strengthening and retrofit, Fracture Mechanics of Concrete Structures, Proceedings of FraMCoS-4, Balkema, Cachan, June 2001.

[11] Li, V.C.: Performance driven design of fibre reinforced cementitious composites, Fibre Reinforced Cement and Concrete (ed R.N. Swamy), E&FN Spon, Londen, 1992.

[12] Li, V.C.: Postcrack scaling relations for fiber reinforced cementitious composites. ASCE Journal of Materials in Civil Engineering, Vol. 4, Nr. 1, pp. 41-57,1992b.

[13] Li, V.C.: From micromechanics to structural Engineering – The design of cementitious composites for civil engineering applications. J. Struct. Mech. Earthquake Engng, Vol. 10, pp. 37-48, 1993.

[14] Li, V.C.: Engineered Cementitious Composites – Tailored composites through micromechanical modeling, Fiber Reinforced Concrete: Present and the Future (eds. N. Banthia, A. Bentur, and A. Mufti), Canadian Society for Civil Engineering, Montreal, 1998, pp. 64-97.

[15] Li, V.C., Mishra, D.K. and Wu, H.: Matrix design for pseudo-strain-hardening fibre reinforced cementi-tious composites. Materials and Structures, 28, pp. 586-595, 1995.

[16] Li, V.C., Takashima, H., Miyagai, K. and Hashida, T.: A design approach for the mechanical properties of polypropylene discontinuous fiber reinforced cement-based composites by extrusion molding, Engineering Fracture Mechanics, 70, pp. 853-870, 2003.

[17] Li, V.C., Wang, Y. And Backer, S.: Effect of inclined angle bundling and surface treatment on synthetic fiber pull-out from a cement matrix. Composites, Vol. 21, Nr. 2, pp. 132-140, 1990.

[18] Peled, A. and Shah, S.P.: Processing Effects in Cementitious Composites: Extrusion and Casting, ASCE Journal of Materials in Civil Engineering, Vol. 15, Nr. 2, pp. 192-199, 2003.

[19] Stahli, P. and van Mier, J.G.M.: Rheology Properties and Fracture Processes of HFC, Proceedings of BEFIB, pp. 299-308, 2004.

[20] Stang, H.: Extrusion of ECC-material, pp. 1-10, 1999.

[21] Van Dyk, W.D.: Development of thin fibre reinforced cementious plates and investigating influence of sand on ECC Behavior, Final year BEng project report, University of Stellenbosch, Stellenbosch, South Africa, 2005.

[22] Van Mier, J.G.M.: Cementitious composites with high tensile strength and ductility through hybrid fibres. Proceedings 6th RILEM Symposium on Fibre reinforced Concrete (FRC), Varenna, Italy, 219-236, 2004.

Entwicklung von Betonen mit Hybrid-Fasern: Herstellung, Materialgefüge und mechanische Eigenschaften

Development of Hybrid Fibre Concrete: Manufacturing, Material Structure and Mechanical Properties

Jan G.M. van Mier, Patrick Stähli

Synopsis

Diese Arbeit gibt einen Überblick über die neusten Aktivitäten im Bereich der Betone mit Hybrid-Fasern. Die meisten Ergebnisse und Erkenntnisse stammen aus experimentellen Untersuchungen, da die Modellierung der Materialeigenschaften eines faserbewehrten Betons eine extrem langwierige Angelegenheit darstellt. Im Anschluss an die Erläuterungen der Grundprinzipien der Hybrid-Faser-Betone werden einige wichtige Ergebnisse bezüglich Mischungsentwurf und Herstellung dieser Werkstoffe beschrieben. Danach wird ein kurzer Überblick über mechanische Eigenschaften und mögliche zukünftige Anwendungen gegeben. Betone mit Hybrid-Fasern ebnen den Weg für reell umsetzbare, bauliche Anwendungen von faserbewehrten, zementgebundenen Werkstoffen, die letztendlich den Gebrauch einer konventionellen Stahlbewehrung überflüssig machen werden. Der in diesem Aufsatz gegebene Überblick ist recht kompakt. Eine ausführlichere Präsentation der Ergebnisse ist den zitierten Publikationen enthalten.

In this paper, an overview is given of recent activities in the field of hybrid fibre concrete. Most of the results and insights derive from experimental studies, since modeling of fibre concrete at the scale of the material structure is an extremely tedious affair. After explaining the principles of hybrid fibre concrete, some important issues in designing and manufacturing these materials are described. Next, a brief overview of mechanical properties is given, as well as some hints for possible future applications. Hybrid fibre concrete paves the road to real structural applications of fibre reinforced cementitious composites, which will ultimately make the use of conventional soft steel reinforcement superfluous. The overview given in this paper is rather brief. More extensive results can be found in publications cited herein.

Prof. Dr. Jan G.M. van Mier, Swiss Federal Institute of Technology, Institute for Building Materials, ETH Hönggerberg, Zürich, Schweiz

Dipl.-Ing. Patrick Stähli, Swiss Federal Institute of Technology, Institute for Building Materials, ETH Hönggerberg, Zürich, Schweiz

1 Introduction

Many attempts have been undertaken since the early 1960's to develop fibre reinforced cement and concrete with improved mechanical properties for structural applications. The attempts have largely been futile, and in a meeting in Sheffield in 1992, the atmosphere was one of a great failure, and of wasted time in search of a probably unattainable goal. A lot has changed since then. A better understanding has been achieved concerning concrete technology. It was suddenly possible to design high (compressive) strength/high performance concretes, in particular after it was understood that fine hydraulic materials like condensed silica fume could play a significant role in achieving a high (compressive) strength. In addition, the higher amounts of cement added to these mixtures showed an improved workability and nowadays, self-compacting concrete mixtures with extremely good workability showing no signs of segregation, can be designed. Casting requires no further compaction, and the materials are called self-leveling or self-compacting.

The challenge today is not so much in achieving a high compressive strength (since that has limited applications, and concrete must still be combined with other materials like conventional soft reinforcement steel or pre-stressing steel in order to realize structural applications), but rather in improving the tensile behaviour, since new structural applications could emerge as a result where concrete must not be necessarily combined with other structural materials to take care of tensile stresses. At the same time, improving the hardening behaviour would be of interest since, like in any properly designed conventional steel or reinforced concrete structure, the structure will warn in the form of excessive deformations before it will ultimately collapse. In summary, the demands for a new type of (fibre reinforced) concrete would be:

(1) a high tensile strength, or better, a balanced tensile and compressive strength, which allows for economic application of the material,
(2) a possibly long hardening regime, both in tension and in compression, and
(3) a good workability in the fresh state, preferably self-compacting properties without segregation of the different material components.

These are not simple demands, considering that research on (fibre) concrete has been ongoing for more than 100 (40 for FRC) years. A key to engineering new concretes comes directly from insight in fracture mechanisms of concrete and fibre reinforced concrete, see for example in Van Mier (2004).

2 Principles of HFC

Achieving high compressive strength in concrete is possible when utmost care is taken that no large tensile stress concentrations appear in the material, and that the highest possible number of contacts between adjacent particles is created. This implies that all pores must be removed, and, in addition, all stress concentrations due to E-mismatch must be avoided. For a composite like concrete, removing the pores is relatively easy, especially the larger air voids that develop due to casting. Carefully considering the particle size distribution, balancing the amount of cement, reducing the water-to-cement ratio, and possibly using ultra fine ((latently)-hydraulic) fillers to fill all pore spaces to the sub-micrometer level has become feasible since (super-) plasticizers have been introduced. The first attempts to develop high strength cement dates back to efforts published in Nature, in 1981, by Birchall et al. The material was called 'Macro-Defect-Free' cement, and through mechanical compaction and squeezing the cement paste, it was possible to remove all large air voids from ordinary Portland cement paste. This required quite some effort and only small specimens could be produced. Much later, by using similar principles, adding small grains and using plasticizers enabled the production of large volumes, see Bache (1995) and Richard (1996), ultimately leading to small scale pilot projects such as foot-bridges in Canada and Korea.

Achieving a high compressive strength makes the material much more brittle. Once a crack starts, there is nothing at the material scale (micro- or meso-scale) to deflect it, or even to arrest it: brittle fracture becomes inevitable. Thus, the first crack (even a microcrack) tends to behave unstable, especially when external tension is applied. The ratio between compressive and tensile strength of the high compressive strength materials like Densit (Bache) and Reactive Powder Concrete (Richard) is therefore rather disappointing, and becomes (much) smaller than the ratio f_t/f_c for ordinary concrete.

A microcrack in a compressive stress field tends to stabilize because it will grow parallel to the compressive loading direction. The external compression can only be increased until a secondary mechanism develops. Unfortunately, as mentioned, this is not the situation under tension, where cracks immediately become unstable, unless elements are included in the material that provide crack deflection and/or crack arrest. The two situations, viz. stable crack growth in a compressive stress field and un-stable crack growth in a tensile stress field are shown schematically in Figure 1, cases (a) and (b). The preferential situation would be where the un-stable tensile situation is changed to a more stable situation and the first crack(s) is(are) arrested, Figure 1, case (c).

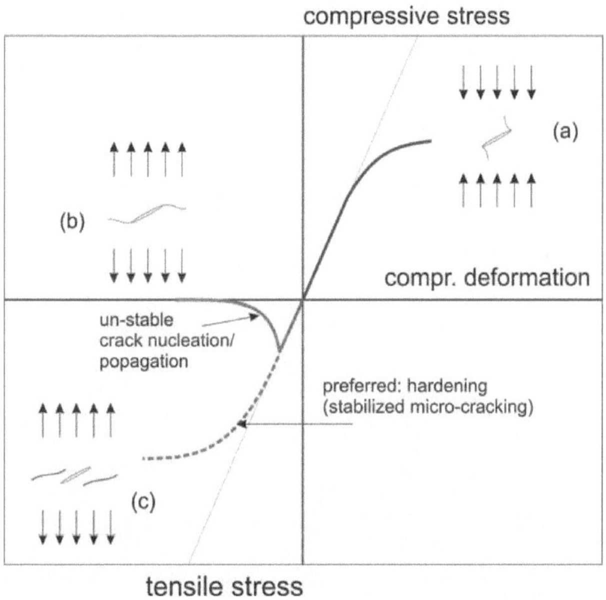

Abb. 1 *Schematische Darstellung des Wachstums eines einzelnen Risses in einer Druckzone (a), in einer Zugzone (b), und das angestrebte Verfestigungsverhalten unter Zugbeanspruchung (c)*

Figure 1 *Schematic diagrams showing the growth of a single crack in a compressive stress field (a), in a tensile stress-field (b), and the preferred hardening situation in tension (c)*

There are some indications that a higher tensile strength can be achieved when fibres are added to cement or concrete. It is generally assumed that the most preferable situation is when there is no fibre anisotropy, and fibres are randomly oriented in the hardened material. This is unfortunately rather difficult to achieve. Anisotropic fibre orientations may however be more ideal for achieving high tensile strength, provided that global loading is applied in the dominant fibre orientation direction, or at small angles to that. In ordinary fibre reinforced concrete (FRC), the fibre content is usually restricted; the fibres are large, i.e. larger than the largest aggregate particle (often fibres with l_{fibre} > 40 *mm* are combined with aggregates d_{max} < 16-32 *mm*); strong wall effects are present, and the improvement of tensile properties is marginal. Numerous examples can be found in, for instance, Swamy (1992). In short, the situation is far from ideal. At the other side of the spectrum, it is interesting to look to rather extreme materials like SIFCON, Slurry Infiltrated Fibre Concrete, which was pioneered by Lankard & Newell (1984). In these materials, large fibre contents are included, i.e. up to 6-10 % (vol), which is highly different to ordinary FRC with maximum 1.5 % (vol). Special to SIFCON is that fibres are placed in a mould before cement slurry (maximum grain size of added sand not exceeding 1-2 *mm*) is impregnated. Needless to say, the slurry must be very viscous in order to penetrate between the densely packed fibres. When the moulds are very narrow, i.e. in the order of the length of the used fibres, alignment of the fibres can be regulated to some extent. As a matter of fact, the alignment can be further optimized if the fibres are first fed through a very narrow opening just above the mould (Van Mier & Timmers (1995)). In that case, it is possible to add up to 20-22% (vol) fibres in the mould, and the resulting material is very strong.

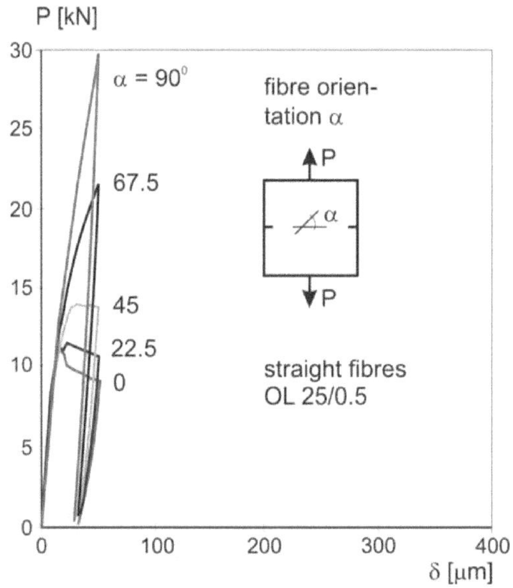

Abb. 2 *Einfluss der Faserausrichtung auf das Last-Verformungsverhalten von SIFCON bei einaxialer Zugbeanspruchung; die Mischung enthielt 11,5 % gerade Stahlfasern, nach Van Mier & Timmers (1992)*

Figure 2 *Effect of fibre alignment on the load-deformation behaviour of SIFCON in uniaxial tension; the mixture contained 11.5% straight steel fibres, after Van Mier & Timmers (1992)*

The results are possibly much better nowadays compared to back in 1992 when less sophisticated super-plasticizers were available. SIFCON can reach flexural tensile strength up to 70 MPa, the failure mode of the bending beams is quite symmetric, indicating that the behaviour in tension and compression is almost the same. This would imply that economic application of the material is possible; no further reinforcement of the tensile zones is required either by means of soft steel or by means of pre- stressing. The material costs are nevertheless high, in view of the high volumes of fibres and the rather high cement content (roughly 3 times the normal cement content in normal strength concrete). An idea of the behaviour of SIFCON under uniaxial tension is shown in Figure 2, which shows the load-deformation diagrams for specimens with fibre systems oriented at various angles with respect to the loading direction. Quite clearly, weak planes form between the fibre layers, and the tensile strength perpendicular to these layers ($\alpha = 0^0$), gives the lowest tensile strength, as a matter of fact, not so much higher than the strength of the matrix. In the direction parallel to the fibres, there is potential to develop multiple cracking and the tensile strength is much higher, i.e. the epoxy used in the tests to glue specimens between the loading platens failed first at a load of 30 *kN* (at approx. 10 *MPa*). The two highest orientation angles gave the highest strength, but the load-deformation diagrams show that failure did not really occur in the concrete, indicating that the potential is greater.

The situation in these tests resembles very much the failure of concrete containing aligned continuous fibres, for example, comparable to the material system tested by Mobasher et al. (1990). The microcracks developing in such systems are very fine and distributed over the specimens volume. Mobasher et al. explained the observed behaviour as an improvement of the matrix properties under the typical conditions of the aligned fibre composites, yet recent numerical analyses indicate that due to local crack arrest, in this case by the fibres, a hardening regime is created, leading to a steadily increasing global tensile strength. The strength of the matrix plays a minor role. The stable (micro-) crack propagation is reason for the increased global strength, which can be achieved with a model having the same usual low strength matrix quality, see Prado & van Mier (2003). Although these analyses were related to the behaviour of plain concrete, the fact that hardening can be achieved by varying the particle content, i.e. by creating the possibility to stable microcrack growth, is a sufficient reason to believe that similar mechanisms are active in higher performance fibre composites.

(a)

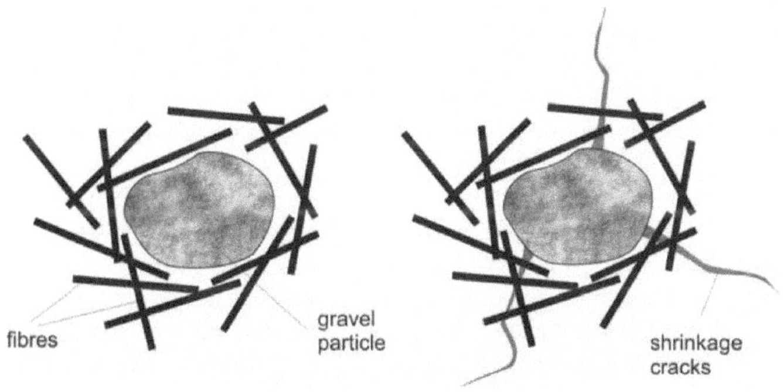

(b)

Abb. 3 *Mögliche Faserorientierung in FRC mit großer Gesteinskörnung (a) und Schwindrisse, die infolge der durch ein großes Zuschlagkorn behinderten Schwindverformungen (Trocknungsschwinden) des umgebenden Zementleims ausgelöst sind (b)*

Figure 3 *Possible fibre orientation in FRC containing large aggregate grains (a), and arresting shrinkage cracks radiating out from the large aggregate when the surrounding cement paste shrinks due to drying (b)*

Most FRC's contain fibres made of a single material (steel, polymer, carbon, etc), and of a single geometry (size and shape). It was already mentioned that in the early years of FRC, research fibres were 'simply added' to an existing concrete mixture. The concretes usually contained rather large aggregate particles, and it was assumed that the fibre size needed to be that particular size, or even larger. The fibre distribution in FRC containing large aggregate particles is not very good as shown by means of X-Ray imaging, see for example in Alwan et al. (1996). Large aggregates cause wall effects, similar to the outside of a FRC element, where fibres meet the mould when cast and take up specific orientations. X-ray imaging reveals that the fibres are aligned along the circumference of the large aggregates (see Figure 3a). Actually, the large aggregates prevent the fibres from occupying random locations and orientations. As a side-note, the fibres encapsulating the large aggregates are in a good position to restrain shrinkage cracking due to aggregate restraint (Bisschop & Van Mier (2002), see Figure 3b.

The position of the fibres is perpendicular to the growth direction of the radial aggregate restraint cracks, which however will develop only when the aggregate size exceeds a certain minimum. Random locations and orientations for fibres are possible when the aggregate size is reduced. In that case, the material requires an increased amount of cement in order to 'glue' everything together. This is a direct consequence of the increased specific surface area of the aggregate particles: the amount of cement should be as large as to encapsulate all (inert) grains within cement films of a certain minimum thickness.

The next considerations are as a matter of fact all geometrical in nature. The packing of the grains can only be considered in conjunction with the fibres included in the material. When many fibres are added to the material, the amount of fine material must necessarily increase in order to achieve good bond properties of the fibre to the matrix. At this point, it helps to use mixtures with self-compacting properties, since these tend to lead to better bonding properties of the fibres, see for example in Markovic et al. (2002). If the demand is to have self-compacting (self-leveling) properties in the fresh state, the size of fibres determines how much can actually be added, see Nakamura et al. (2004). An interesting notion is now not simply to add one single type of fibre, but rather to add fibres with varying geometry, much in line with a sieve curve in ordinary concrete. This idea was pioneered by Rossi et al, as early as 1987. They proposed that different types of fibres were needed for arresting, deflecting and delaying crack growth during different stages of the fracture process. Short and thin fibres are most effective for arresting microcracks (which they considered at the material level), whereas larger and thicker fibres are needed to bridge macrocracks (at the structural level). Note that the softening behaviour of any material is not a property of the material (in spite of all kinds of popular non-linear cohesive fracture models that use softening as material property), but rather a combined material/structural property, where it is extremely difficult to extract the material part from results obtained in laboratory experiments, see Van Mier (1984, 1986, 2004).

The idea to apply different types of fibres at different moments during the fracture process is very interesting. In recent years, these so-called hybrid fibre concretes have become an important focus of research, because the first results are quite promising and indicate that structural fibre reinforced composites are within reach, see Rossi & Renzew (1996), Orange et al. (2000), Markovic et al (2003b), Staehli & Van Mier (2004). There is however more synergy than expected from applying fibres at different levels of the fracture process. One factor that leads to synergy is the pull-out process of fibres. Van Gysel (2000), and Markovic et al. (2003a) showed that fibre pull-out is more difficult under small inclinations. Moreover, it was shown in Markovic et al. (2003a) that pull-out of large fibres is more difficult when short fibres are used to reinforce the matrix from which the large fibres are pulled-out. It is exactly this synergy that should be achieved, because in that way, the mechanical properties of the hybrid fibre concrete would be more than just the sum of the effect of different fibre types.

As mentioned, a consequence of using fibres of different sizes is that their orientation and randomness in location must not be disturbed by the presence of large aggregates. The demand is therefore that only small grains are included in the matrix; in practical mixtures the size of sand is presently limited to about 2 *mm*. The consequence is that much more cement must be used compared to conventional mixtures, i.e. about 2-3 times the amount in normal concrete, but this helps to achieve self-compactibility of the material.

In conclusion, fibres of different size have different functions during the fracture process, which can be divided into four stages (Van Mier (2004)). These four stages are: (0) the linear elastic stage: (a) the microcrack stage, from the first microcrack to the peak load; (b) the macrocrack stage; and (c) bridging. Microcracking (stage (a)) can be interpreted as multiple cracking in Hybrid Fibre Concrete. A distributed crack pattern develops, but failure is prevented due to the bridging action of the small fibres over the microcracks. Perhaps microcracks are the wrong terminology here and rather these cracks must be designated as stable cracks, i.e. which can still be arrested and deflected by the structure of the material. This has all changed in stage (b), and a dominant localized crack has developed here, where all deformations take place. This dominant crack may be bridged by large fibres, or by smaller fibres depending on the actual crack opening. This bridging phase (c) is of importance because it prevents the crack from suddenly opening, and a large plastic regime may be found due to the gradual pull-out of the fibres. In the tests by Markovic et al. (2003a, b), 60 *mm* long fibres were used, and the maximum opening of the final localized crack could be as large as 30mm, i.e. half the size of the largest fibres. The importance of controlled fibre pull-out behaviour may be obvious: if the frictional/ interlocking restraint is too low, the fibres will be pulled out too fast and the hardening regime of the concrete becomes short. Moreover, when all fibres are pulled-out from the main localized crack at the same time and the fibre pull-out diagrams show softening, the global behaviour of the composites will be softening as well.

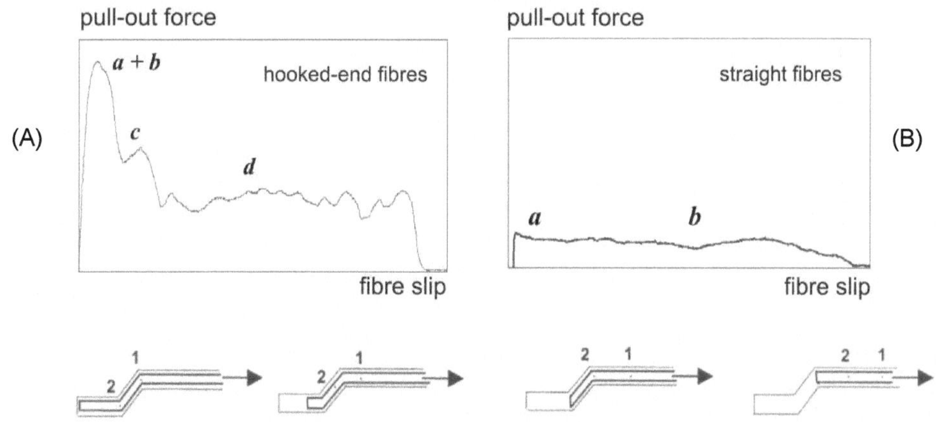

Abb. 4 *Faser-Auszug: (A) Fasern mit Endhaken, und (B) gerade Fasern. Die Skizzen unter den beiden Diagrammen beziehen sich auf die Bereiche a-d der Kurve in Abb. (a) und zeigen die Verformung der Endhacken während des Auszugs. Stufe (d) bedeutet Gleitreibung, der einzige Mechanismus der Kraftübertragung bei geraden* Fasern nach dem Überwinden der Adhäsionskräfte, nach Markovic et al. (2003a).

Figure 4 *Fibre pull-out: (A) hooked end fibres, and (B) straight fibres. The drawing below the two diagrams refers to stages a-d along the curve in Figure (a), and indicates how the fibre hook deforms during the pull-out stage. Stage (d) is dry friction, which is the only stress transfer mechanism for straight fibres after the adhesion has been overcome, after Markovic et al. (2003a).*

3 Mixture Design of Hybrid Fibre Concrete

3.1 Mixture proportions

Meeting all the demands from the previous section is the goal of a good mixture design. In the past, much has been based on 'trial-and-error', for example starting with obtaining a self compacting matrix containing a large amount of cement (up to 1000 *kg/m*^{3}), and having aggregates with a diameter up to 1-2 *mm*. Such small grained mixtures can accommodate practically all kinds of fibre systems, but it is good to add some amount of sub-micron filler like condensed silica fume or finely ground limestone, to improve the density of the matrix. Packing small grains around fibres of different sizes is essential for proper pull-out behaviour (see Markovic et al. (2002)).

The procedure which follows is developing a self-compacting matrix then determining the limits of fibre additions through testing, while maintaining self-compactable properties of the entire mixture. Systematic investigations of this kind were carried out by Stähli & Van Mier (2004) for mixtures of steel fibres and Nakamura et al. (2004) for mixtures of PVA fibres. Such tests reveal the quantity of fibres of a given dimension that can be included without loosing self-compacting properties, or how various combinations of fibres would perform. Small fibres, down to 6 *mm*, 0.16 *mm* in diameter can be added up to 8-10% without loss of self-compacting properties. Larger fibres, up to 40 *mm* in length and 0.5 *mm* in diameter can be added up to 1.5-2%. Balling of such fibres hampers the self-compactibility at high fibre volumes, and the mixture becomes useless.

There is a need for self-compaction since the fibre distributions appear to be more uniform, although, as argued in the next section, anisotropy will occur next to the wall-effect that can never be prevented in practice due to the flow of the fresh mixture in a mould fibre. We will return to these matters later on.

Several tested mixtures can be found in various publications, i.e. Markovic et al. (2003b), Stähli & Van Mier (2004) and Nakamura et al. (2004).

3.2 Workability

Workability of mixtures must be controlled, to judge whether they have suitable self-compacting/self-leveling properties. At present, we apply a scaled slump flow test for fast evaluation of the flow properties of a mix, after which a normal slump flow test is carried out using the common Abrams cone. The size of the scaled slump flow test is 70-100 *mm* in diameter and 60 *mm* tall. The exact procedure is described in Stähli & Van Mier (2005). Since this test can be performed and judged very easily, diagrams like the one in Figure 5 can be constructed, which give a first quick impression of the suitability of a new mixture.

During the consistency tests, it is imperative to check whether no segregation takes place. If cement water easily escapes from the concrete cone, the mixture can be discarded almost immediately. The same is true for fibre balling, when fibres are not flowing with the matrix. This type of behaviour is observed when relatively large amounts of long fibres are included in the fibre cocktail, i.e. a high fibre factor with a fibre distribution close to unity (lower right corner in Figure 5).

Next to the ordinary slump flow tests, the so-called SegBox test was developed at ETH, which is helpful for measuring not only the flow properties of the mixture, but also for assessing fibre distributions as well, see in Stähli & Van Mier (2005). Depending on the applied mixture, the fibres will orient in the flow direction, and for structural applications, the number of fibres in any direction as well as their orientations are needed for developing computational models.

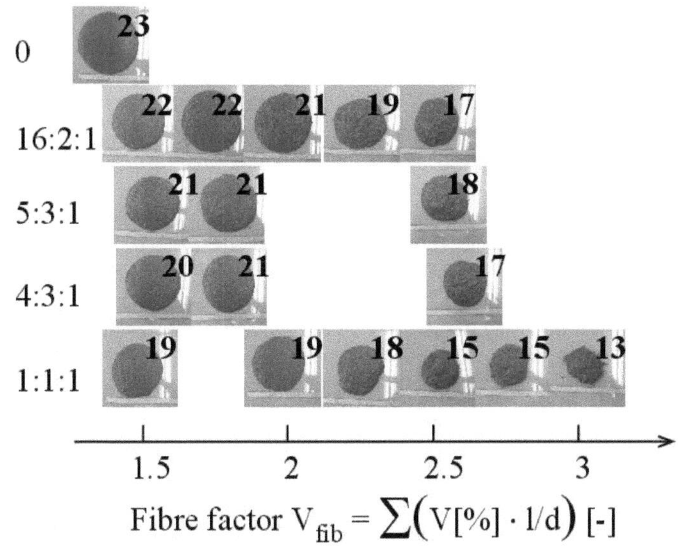

Abb. 5 *Ergebnisse des kleinen Setzfließmaß-Versuches von Betonmischungen mit Hybridfasern, die unterschiedliche Kombinationen von langen (40 mm), mittleren (13 mm) und kurzen (6 mm) Stahlfasern enthalten. Die Zahlen an der linken Seite des Diagramms geben das Mengenverhältnis der drei Fasertypen wieder. Die Zahlen in den Abbildungen des Setzfließmaßes geben den Durchmesser für den jeweiligen Beton in cm an. Mischungen mit einem Setzfließmaß größer 20 cm können als selbstverdichtend angesehen werden, nach Stähli & Van Mier (2004).*

Figure 5 *Results from slump flow tests on hybrid fibre concrete mixtures containing various combinations of long (40 mm), intermediate (13 mm) and short (6 mm) steel fibres. The numbers at the left side of the diagram indicate the ratio between these three fibre types. The numbers associated to each slump flow figure indicates the diameter of the concrete in cm. A mixture with a slump flow larger than 20 cm is considered self-compacting, after Stähli & Van Mier (2004).*

4 Mechanical Properties of Hybrid Fibre Concrete

Since the material is highly strengthened, it is rather difficult to measure its tensile properties. If this is required, special dog-bone shaped specimens are the best choice, which combine a sufficiently large 'gluing area' with a neck region where multiple cracking can be studied. If the strength is still too high, flexural tests can be used, preferentially four-point bending tests, since a localized crack will almost immediately develop under the load point in three-point bending tests. In that case, the possible development of multiple cracking is more difficult to detect.

4.1 Flexural Tests

The general belief is that flexural testing is the fast way to resolve problems encountered in uniaxial tensile testing. Some examples of results from a three-point bending test on hybrid fibre concrete are given in Figure 6. The three results refer to concretes with only short fibres (2 % 6-*mm* fibres, straight, steel), with only long fibres (1 % 60-*mm* fibres, hooked-end, steel), and a combination of these two (1% 60-*mm* and 2% 6-*mm* steel fibres). The idea of this test is to investigate whether a synergetic effect exists when two types of fibres are used, rather than one. Thus, the result of the sum of the two single-fibre mixtures should be below the result of the two-fibre mixture. The result of figure 6 indicates that this is the case, which implies that it is interesting from an economic point of view to combine different types of fibres. Other results can be found in Markovic et al. (2003b), from which these results were derived. A warning is in place, however. When casting fibre concrete in a mould, the fibres tend to align along the walls of the mould. This wall effect may lead to relatively strong surface layers since there is more fibre reinforcement located there, and in the case of bending tests, the fibres are aligned in a favourable direction for load transfer. Stähli & Van Mier (2004) showed that when the surface layers are removed from the beam, the flexural strength decreases significantly. This means that much of the improved behaviour of hybrid fibre concrete derived from the fibre rich surface layers. Any damage to these layers might impair the durability of hybrid fibre concrete structures.

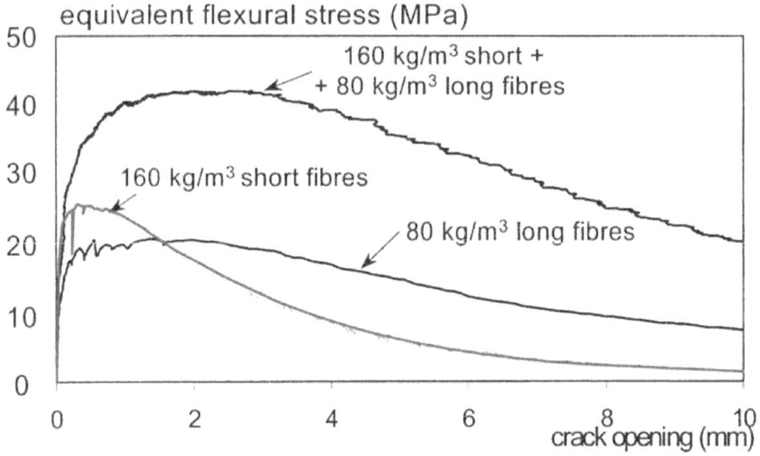

Abb. 6 *Synergieeffekte durch den Gebrauch von zwei unterschiedlichen Faserarten: zwei Mischungen mit jeweils einer Faserart werden verglichen mit einem Hybrid-Faser-Beton, der den gleichen Volumenanteil an beiden Fasern enthält, nach Markovic et al. (2003b).*

Figure 6 *Synergetic effect from the use of more than one type of fibre: two single-fibre mixtures are compared with a hybrid fibre concrete containing the same volume percentages of both fibres, after Markovic et al. (2003b).*

The problem in bending tests is that the crack starts where the tensile stresses are the largest, with the crack ultimately running in the compressive zone of the beam. For materials like hybrid fibre concrete, an additional problem is encountered, namely the very large crack openings must be accommodated with very little frictional restraint in the supports. Roller bearings are complicated details in flexural tests, and the general attitude is to be sloppy concerning this topic. For this reason, we have developed a pendulum bar flexural test set-up at the Institute for Building Materials at ETH, which has a number of great advantages over conventional bending tests between roller supports in a compressive loading rig. Not only is the frictional restraint in the supports and loading points minimized, also for very large crack openings, but the loads are also always perpendicular to the beam surface and can be easily measured on the pendulum bars, which allows a final check of the load distribution throughout the experiment. Although more tedious than the conventional bending test, the results are more reliable, which is an essential starting point for any good research laboratory.

Results from four-point bending tests, reported in Stähli & Van Mier (2004, 2005), were all obtained with the pendulum bar set-up, and such tests show the development of multiple cracking in hybrid fibre concrete. Some examples of this will be shown during the lecture. Ultimately, the beams fail by means of a localized crack, i.e. as the one shown in Figure 7. The localized main crack shows considerable branching, and usually deflects from a straight path, both through the presence of fibres as well as due to reaching the compressive zone of the beam.

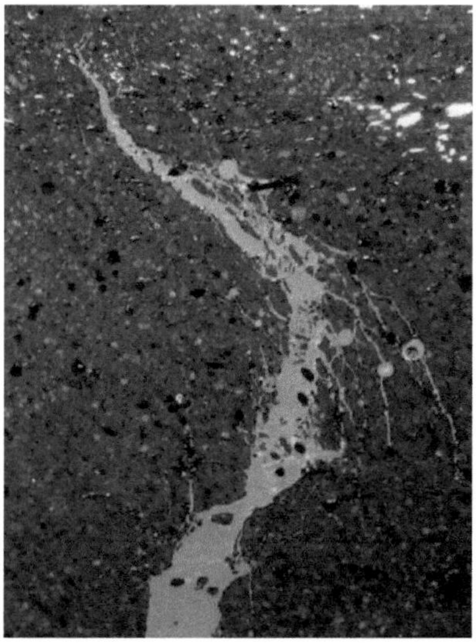

Abb. 7 *Beispiel eines lokalisierten (eingefärbten) Risses in Beton mit Hybrid-Fasern. Die Risse sind nie gerade, sondern weisen Knickstellen auf, wahrscheinlich durch die Anwesenheit der Fasern und letztendlich durch die Wechselwirkung mit der Druckzone des Balkens. Die Rissöffnung kann bis zur Hälfte der Länge der längsten Faser in der Mischung erreichen, nach Stähli & Van Mier (2005)*

Figure 7 *Example of a localized (impregnated) crack in hybrid fibre concrete. The cracks are never straight, but show kinks, likely due to the presence of fibres, and ultimately because the crack interacts with the compressive zone in the beam. The crack opening can be as large as half the length of the largest fibre in the mixture, after Stähli & Van Mier (2005)*

Figure 6 shows that the deformations at peak load are equal to 2-3 *mm* for the hybrid fibre concrete. If this deformation was caused by the opening of a single crack, then there would certainly be danger for durability problems. Yet, since in most experiments multiple cracking occurs, the width of these cracks is usually limited to a few micrometers each. Moreover, since hybrid fibre concrete contains a large volume of cement, and a lower w/c-ratio was used, much of this cement will not have hydrated. When water penetrates the concrete, further hydration may take place, eventually leading to self-healing. Some indications in this direction can be derived from permeability measurements on high performance fibre concrete by Charron et al. (2004).

4.2 Uniaxial Tension Tests

The best way to explore the tensile properties of a (any) material is by means of a uniaxial tension test. In the case of concrete, this should at best be a displacement-controlled experiment, since it is interesting to see the shape of softening curve, and with that, to obtain an impression of the brittleness of the material. Note that brittleness is a combined material/structural property and can only be studied in the context of the experiment in which it was observed, Van Mier (1984). Uniaxial tensile tests on hybrid fibre concrete were recently carried out by Markovic et al. (2004) and Boulay et al. (2004). The same problem is once again encountered as in the bending tests: during the production of the specimens (dog-bone shaped specimens were used in both investigations), alignment of fibres along the walls of the moulds occurs, and the result obtained is representative for specimens of the same size and shape only. The uniaxial tensile strength of hybrid fibre concretes tested amounted to 10-15 *MPa*. The improvement in flexural strength (i.e. the equivalent elastic stress) is a factor 5-10 compared to the flexural strength of plain concrete. The improvement in tensile strength appears to be less, but here it must be mentioned that the applied fibre volumes in the tensile tests were much lower than those studied in the bending tests.

Markovic et al. (2004) showed a significant effect of the presence of a notch in the tensile (dog-bone shaped) specimens. The stress-concentration provided by a notch leads to the growth of a single localized crack and multiple cracking occurred to a much lesser extent, although some cracking may have been missed since no microscope was used. The fact that stress concentrations affect the cracking behaviour, and that wall effects and the ensuing orientation of fibres has a large effect on the mechanical properties, indicates that conventional standard tests lose a substantial part of their significance. Instead, like in aerospace engineering, it might be useful to turn to an approach where structural integrity is demonstrated for structural elements in the shape in which used, and made of a particular kind of (fibre) concrete. As argued in the next section, manufacturing pre-cast concrete elements might be among the first structural applications of new material developments like hybrid fibre concrete.

5 Potential Applications

Due to the fact that hybrid fibre concrete is rather expensive, one would expect certain ignorance from practice. Not only does the cement and fibres increase material costs, but the more extensive quality control must also be considered. The price of the material must be considered in relation to other costs needed to build a concrete structure. Moreover, the properties have not increased to the extent as we would like to see; however, certain indications exist that this may be the case in the near future.

The demands for self-compacting mixtures points towards initial applications in the precast concrete industry. The application of more difficult mixtures is possible in this case because the production takes place inside the factory, independent of the elements. Working outdoors with hybrid fibre concrete is certainly not easy, as we have recently experienced ourselves, Stähli & Van Mier (2005).

The factors that reduce the costs of hybrid fibre concrete must be sought in reduced labour for placing soft reinforcement and/or pre-stressing, smaller concrete sections for the same span (reduced material volume), ease of placing self-compacting concrete (requiring less labour force), and reduced effort for handling and transport of the pre-cast concrete elements. All these factors need further consideration, and the future should show whether there is an economic benefit from applying these new materials.

6 References

[1] Alwan, J.M., Mobasher, B., Bolander, J.E., Leung, C.K.Y., Naaman, A.E., Reddy, D.V., Rossi, P., Stroeven, P., Stroeven, M., Van Mier, J.G.M., Wang, M.L.: Computer Models, Chapter 7 in *High Performance Fibre Reinforced Cement 2 (HPFRCC-2)*, Naaman, A.E. and Reinhardt, H.W., eds., E&FN Spon, 229-289, 1996.

[2] Bache, H.H.: Concrete and Concrete Technology in a Broad Perspective, in *Proceedings Nordic Symposium on the Design of Concrete Structures*, Aakjaer, K. (ed.), 1-45, 1995.

[3] Birchall, J.D. Howard, A.J., Kendall, K.: Flexural Strength and Porosity of Cements, *Nature*, 320(289), 388-389, 1981.

[4] Bisschop J., Van Mier, J.G.M.: Effects of Aggregates on Drying Shrinkage Microcracking in Cement-based Materials, *Materials and Structures (RILEM)*, 35(252), 453-461, 2002.

[5] Boulay, C. Rossi, P., Tailhan, J-L.: Uniaxial Tensile Tests on a New cement Composite Having Hardening Behaviour, in *Proc. 6th RILEM Symp. On Fibre Reinfroecd Concrete*, eds. DiPrisco, M., Felicetti, R. and Plizarri, G, RILEM Publications, Bagneux, 61-68, 2004.

[6] Charron, J.-P., Denarié, E., Brühwiler, E.: Permeability of UHPFRC under High Stresses, in *'Advances in Concrete through Science and Engineering', RILEM Week 2004*, Northwestern University, Evanston (IL.), 2004 (CD-ROM).

[7] Lankard, D.R., Newell, J.K.: Preparation of Highly Reinforced Steel Fibre Reinforced Concrete Composites, in *Fibre Reinforced Concrete (ACI SP 81)*, American Concrete Institute, Detroit, 286-306, 1984.

[8] Markovic, I., Grünewald, S., van Mier, J.G.M., Walraven, J.C.: Characterization of Bond Between Steel Fibres and Concrete: Conventional Fibre Reinforced versus Self-Compacting Reinforced Concrete, in *Proceedings 3rd International Symposium on 'Bond in Concrete – From Research to Standards'*, (Balasz, G.L., Bartos, P.J.M., Cairns, J. and Borosnyoi, A. eds.), Budapest, Hungary, November 20-22, 2002, 520-529, 2002.

[9] Markovic, I., Walraven J.C., Van Mier, J.G.M. (2003a): Experimental Evaluation of Fibre Pull-out from Plain and Fibre Reinforced Concrete, in *Proceedings 4th Int'l. RILEM Workshop on 'High Performance Hybrid Fibre Concrete' (HPFRCC-4)*, (Naaman, A.E. and Reinhardt, H.W., eds.), Ann Arbor, Michigan, June 16-18, 2003, RILEM Publications s.a.r.l., Bagneux, 2003, pp. 419-436.

[10] Markovic, I., Walraven J.C., Van Mier, J.G.M.(2003b): Development of High Performance Hybrid Fibre Concrete, in *Proceedings 4th Int'l. RILEM Workshop on 'High Performance Hybrid Fibre Concrete' (HPFRCC-4)*, (Naaman, A.E. and Reinhardt, H.W., eds.), Ann Arbor, Michigan, June 16-18, 2003, RILEM Publications s.a.r.l., Bagneux, 2003, pp. 277-300.

[11] Markovic, I., Walraven, J.C. and Van Mier, J.G.M.: Tensile Response of High Performance Hybrid Fibre Concrete', in *Proc. 5th Int'l. Conf. on Fracture of Concrete and Concrete Structures (FraMCoS-V)*, Vail, Colorado, April 12-16, 2004, IA-FraMCoS, Evanston, IL, 1113-1120.

[12] Mobasher, B., Stang, H., Shah, S.P.: Microcracking in Fibre Reinforced Concrete, *Cem. Conc. Res.*, 20, 665-676, 1990.

[13] Nakamura, S., van Mier J.G.M., Masuda. Y. (2004): Self-Compactibility of Hybrid Fibre Concrete Containing PVA Fibres, in *Proc. 6th RILEM Symp. on Fibre Reinforced Concrete (BEFIB 2004)*, (Di Prisco, M., Felicetti, R. and Plizzari, G., eds.),Varenna, Lake Como, Italy, September 20-22, 2004, RILEM Publications s.a.r.l., Bagneux, 525-535.

[14] Orange, G., Dugat, J., Acker, P.: Ductal®: New Ultra-high Performance Concretes – Damage Resistance and Micromechanical Analysis, in *Proc. BEFIB-5*, RILEM Publications, Bagneux, 781-790, 2000.

[15] Prado, E.P., Van Mier, J.G.M.: Effect of Particle Structure on Mode I Fracture Process in Concrete, *Engng. Fract. Mech.*, 70(14), 1793-1807, 2003.
[16] Richard, P.: Reactive Powder Concrete: A New Ultra-high-strength Cementitious Material, in *Proc. 4th In'l. Symposium on 'High Strength/High Performance Concrete'*, RILEM Publications, Paris, 1343-1349, 1996.
[17] Rossi, P., Acker, P., Mallier, Y.: Effect of steel Fibres at Two Stages: The Material and the Structure, *Mater. Struct (RILEM)*, 20, 436-439, 1987.
[18] Rossi, P., Renwez, S.: High Performance Multi-Modal Fibre Reinforced Cement Composites (HPMFRCC), in *Proc. 4th In'l. Symp. on High Strength/High Performance Concrete*, RILEM, Paris, 687-694, 1996.
[19] Stähli P., van Mier, J.G.M. (2004): Three-Fibre-Type Hybrid Fibre Concrete, in *Proc. 5th Int'l Conf. on 'Fracture of Concrete and Concrete Structures' (FraMCoS-V)*, (Li, V.C., Leung, C.K.Y., Willam, K.J. and Billington, S.L., eds.), Vail, Colorado, April 12-16, 2004, IA-FraMCoS, Evanston, IL,1105-1112.
[20] Stähli P., van Mier, J.G.M.: Manufacturing, Fibre Anisotropy and Fracture of Hybrid Fibre Concrete, *Engng.Fract.Mech.* (in press), 2005.
[21] Swamy, R.N. editor: *Fibre Reinforced Cement and Concrete*, Proceedings of the 4th Int'l. RILEM Symposium, Sheffield, July 20-23, 1992, E&FN Spon, London/New York, 1347 p.
[22] Van Gysel, A.: Studie van het Uittrekgedrag van Staalvezels Ingebed in een Cementmatrix met Toepassing op Staalvezelbeton Onderworpen aan Buiging, *PhD-thesis*, University of Ghent (in Dutch), 2000.
[23] Van Mier, J.G.M.: Strain-Softening of Concrete under Multiaxial Loading Conditions, *PhD-thesis*, Eindhoven University of Technology, 1984.
[24] Van Mier, J.G.M.: Multiaxial Strain-Softening of Concrete, Part I: Fracture; Part II: Load-Histories, *Mater. Struct. (RILEM)*, 19(111), 179-200, 1986.
[25] Van Mier J.G.M., Timmers, G. (1992): SIFCON Subjected to Shear: Effect of Material Anisotropy on Strength and Stiffness, in Proceedings 4th RILEM International Symposium on *Fibre Reinforced Cement and Concrete*, University of Sheffield, July 20-23, 1992, (R.N. Swamy ed.), Chapman & Hall, London/New York, 245-256.
[26] Van Mier, J.G.M., Timmers, G. (1995): "Werkwijze en inrichting voor de vervaardiging van een gewapend constructie-element en een dergelijk constructiedeel", Nederlands Octrooi No. 1000285, submitted July 25, 1995, granted November 6, 1996 (in Dutch).
[27] Van Mier, J.G.M. (2004): Reality Behind Fictitious Cracks?, In *Proc. 5th Int'l. Conf. on 'Fracture of Concrete and Concrete Structures' (FraMCoS-V)*, (Li, V.C., Leung, C.K.Y., Willam, K.J. and Billington, S.L., eds.), Vail, Colorado, April 12-16, 2004 (key-note paper), IA-FraMCoS, Evanston, IL, 11-30.

Anwendung von Engineered Cementitious Composites (ECC) im konstruktiven Ingenieurbau

Structural Applications of Engineered Cementitious Composites (ECC)

Gregor Fischer

Synopsis

Dieser Beitrag beschreibt die grundlegenden Materialeigenschaften und Merkmale so genannter Engineered Cementitious Composites (ECC) hinsichtlich der Anwendung im konstruktiven Ingenieurbau und untersucht die Auswirkungen des Austauschs von sprödem Beton in herkömmlichen Stahlbetonbauteilen durch einen duktilen, dehnungsverfestigenden zementgebundenen Verbundwerkstoff. Auf der Grundlage der Verformungseigenschaften von ECC wird das Zusammenwirken mit der konstruktiven Bewehrung durch verträgliche Verformungen der Bewehrung und der ECC-Matrix im elastischen und nichtelastischen Verformungsbereich beschrieben. Die Vorteile der Verwendung von ECC anstelle von herkömmlichem Beton hinsichtlich des Systemverhaltens, der Bemessung und der ökonomischen Umsetzbarkeit werden sowohl für erdbebensichere Konstruktionen als auch für dünne Fertigteile dargestellt. Wichtige Ergebnisse hinsichtlich erdbebensicherer Bauteile sind das extrem duktile Verhalten stahlbewehrter ECC-Bauteile unter zyklischer Wechselbeanspruchung bei einer gleichzeitigen Verringerung der Anforderungen an die Schubbewehrung sowie einer Verringerung der Gefügeschädigungen nach relativ großen zyklischen Verformungen. Es stellte sich heraus, dass die Anwendung von Engineered Cementitious Composites (ECC) in dünnen, vorgefertigten Bauteilen zum Abbau einiger bestehender technologischer Beschränkungen und zur Entwicklung innovativer Deckenelemente führt.

This paper describes the basic material properties and unique features of Engineered Cementitious Composites (ECC) pertaining to structural applications and explores the effect of substituting brittle concrete in conventional reinforced concrete structural members with a ductile, strain hardening cement-based composite. Based on the deformation characteristics of ECC, the interaction with structural reinforcement is characterized by compatible deformations of the structural reinforcement and the ECC matrix in the elastic and inelastic deformation regime. The benefits of using ECC in place of conventional concrete with respect to structural response, design, and economic feasibility of seismic resistant structures as well as thin, prefabricated structural components are described. For seismic resistant structures, important findings include the extremely ductile response of steel reinforced ECC members subjected to reversed cyclic deformations at a simultaneous reduction of transverse reinforcement requirements as well as reduced structural damage after experiencing relatively large deformation reversals. The application of Engineered Cementitious Composites (ECC) in thin, prefabricated structural members was found to eliminate some technological constraints and lead to the development of innovative floor panel elements.

Assistant Professor Dr. Gregor Fischer, Department of Civil and Environmental Engineering, University of Hawaii, Honolulu, Hawaii, USA

1 Introduction

The concepts for design of structures implicitly take into consideration the selection of materials used in the construction of the structural members. The design and underlying assumptions for steel structures are inherently different from those in reinforced concrete structures, arising from the ductile nature of steel and the brittle nature of concrete. The development of strain hardening concrete with short fibers in general and Engineered Cementitious Composites (ECC) more specifically is targeted at creating a fiber reinforced cementitious material with a tensile deformation behavior analogous to that of metals, while maintaining the advantageous characteristics of cementitious composites, such as concrete.

This paper outlines the some of the fundamental material properties of Engineered Cementitious Composites (ECC) relevant to the design of structural members and elaborates on the interaction of this ductile cement-based composite material with steel reinforcement under tensile loading. Subsequently, two potential areas for structural application of ECC are investigated: seismic resistant structures and thin prefabricated structural components. Both applications have different performance requirements, however, their design and structural response are fundamentally affected by the ductile deformation characteristics of ECC. In this paper, some performance features of structural applications using ECC and the relationship between structural response and material properties are described.

2 Tensile stress-strain characteristics of Engineered Cementitious Composites (ECC)

The tensile deformation characteristics of cementitious matrices in general can be distinguished according to their postcracking deformation behavior [1]. Brittle matrices, such as plain mortar and concrete, lose their tensile load-carrying capacity almost immediately after formation of the first matrix crack. The addition of fibers in conventional fiber reinforced concrete (FRC) can increase the toughness of cementitious matrices significantly, however, their tensile strength and especially strain capacity beyond first cracking are not enhanced. FRC is therefore considered to be a quasi-brittle material with tension softening deformation behavior, i.e. a decaying load and immediate localization of composite deformation at first cracking in the FRC matrix.

Strain-hardening concrete with short fibers or High performance fiber reinforced cement composites (HPFRCC) are defined by an ultimate strength higher than their first cracking strength and the formation of multiple cracking during the inelastic deformation process [1]. In contrast to localized deformation in conventional FRC, where the apparent strain is dependent on the gage length, the deformation of HPFRCC is uniform on a macro-scale and considered as pseudo-strain, which is a material property and independent of the gage length. The wording pseudo-strain hardening is used to distinguish the cracking-based deformation behavior in HPFRCC from strain-hardening in metals due to dislocation micromechanics. A particular version of HPFRCC, a micromechanically designed, engineered cementitious composite (ECC) [2] and its structural application are elaborated on in the present paper.

The composite tensile stress-strain behavior of ECC is outlined by the stress and strain at first cracking and at ultimate (Figure 1). The specific characteristics, i.e. number and magnitude of stress fluctuations at crack formation and rate of stress recovery, are influenced by the opening of an individual crack and spacing between multiple cracks at a given composite deformation state. The comparison of two particular types of ECC, specifically PE-ECC (V_f = 1.5%) and PVA-ECC (V_f = 2.0%) indicates similar composite ultimate strength and strain capacity, however, the detailed shape of their stress-strain curve differs considerably (Figure

1). Both composites have individual mix proportions tailored to meet the required micromechanical conditions for tensile strain hardening and multiple crack formation.

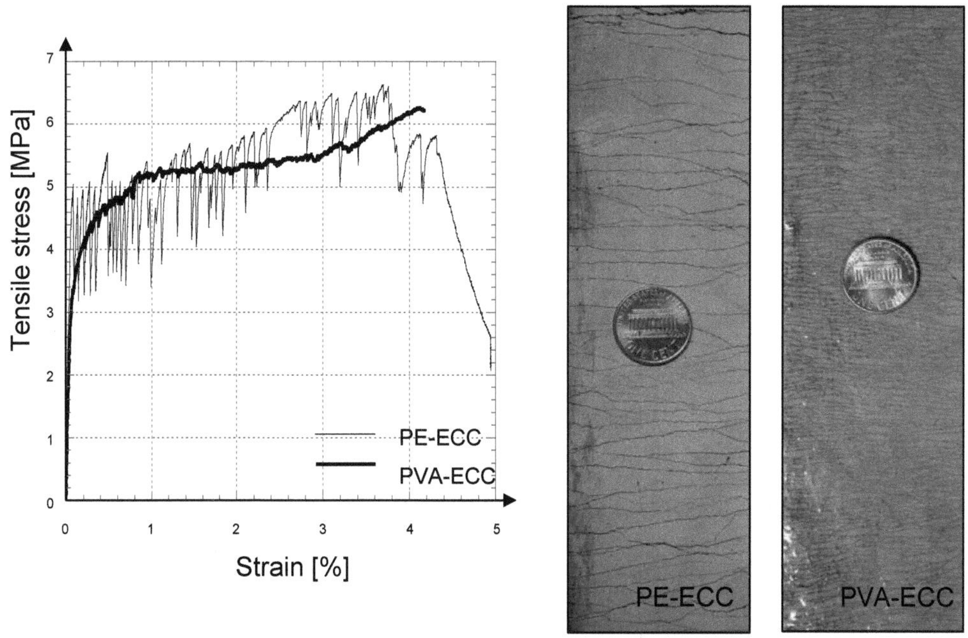

Abb. 1 *Spannungs-Dehnungsdiagramm von ECC unter Zugbeanspruchung*
Figure 1 *Tensile stress-strain response of ECC*

3 Interaction of ECC and steel reinforcement

Due to the particular material properties of ECC, a steel reinforced ECC member can be considered as a combination of ductile cementitious matrix (ECC) and a ductile reinforcing element (steel). Evidence to support this approach can be obtained by investigating the deformation behavior of a steel reinforced ECC (R/ECC) member in uniaxial tension in contrast to that of conventional steel reinforced concrete (R/C).

The contribution of the cementitious matrix to the load-deformation response of reinforced concrete or ECC in uniaxial tension is generally described as tension-stiffening effect [3]. The response of the reinforced cement composite is compared to that of the bare steel reinforcement and the difference is attributed to the tensile load carried by the cementitious matrix between transverse cracks.

Schematically, the difference in tensile load-deformation response between R/C and R/ECC can be described using a representative composite element (Figure 2). Prior to reaching the first cracking strength of the cementitious matrix, the applied composite load is shared between reinforcement and matrix proportional to their stiffness and volume fraction (Figure 2a). Stresses in both components are uniformly distributed in sections beyond the load transfer zone of the specimen. The formation of a transverse crack in the R/C composite causes a redistribution of stresses in the matrix as well as in the reinforcement (Figure 2b). Since the concrete matrix is not able to transfer load across the crack, the applied load must be transferred to the reinforcement by interfacial bond action and is entirely carried by the reinforcement at the crack location. Due to the stress concentration in the reinforcement and the stress-free concrete matrix at the crack location, both materials experience a relatively large strain difference resulting in bond stresses and local slip. Consequently, composite deterioration can occur in various scenarios, such as interfacial bond failure, formation of inclined cracks originating from the interface, and longitudinal splitting due to radial pressure [4] exerted by the ribs of the deformed reinforcing bar on the surrounding concrete.

The tensile ductility of the ECC matrix can on a macro scale eliminate the strain difference between reinforcement and matrix material. The R/ECC member may be considered as a composite of two materials having elastic/plastic deformation behavior with individual yield strength and strain. As a result of these similar deformation characteristics, both constituents of the R/ECC composite are deforming compatibly in the elastic and inelastic deformation regime.

Cracking of ECC represents yielding of the matrix component while the steel reinforcement remains elastic. After cracking the stress distribution in the R/ECC composite is virtually unchanged (Figure 2c) since the stress in the ECC matrix at this instance remains constant and further increases with increasing deformation. In essence, the tensile load carried by the matrix prior to cracking is directly transferred (via bridging fibers) back to the uncracked parts of the matrix once the crack has formed. On a macro scale, bond stresses are not required to facilitate this transfer since load carried by the ECC matrix need not be transferred to the reinforcement. Due to the uniform stress in the cracked matrix, the distance between transverse cracks is a function of material properties of the fiber reinforced cement composite (ECC) and is independent of the interfacial bond properties between reinforcement and matrix. However, considering local effects in the immediate vicinity of one discrete crack in the ECC matrix, some interaction between reinforcement and matrix is expected. Depending on the micromechanical properties of the ECC matrix, a certain crack opening is required to develop a fiber bridging stress equal to that of the composite prior to cracking. Due to this microscopic discontinuity, localized interfacial bond between steel reinforcement and ECC matrix may be activated.

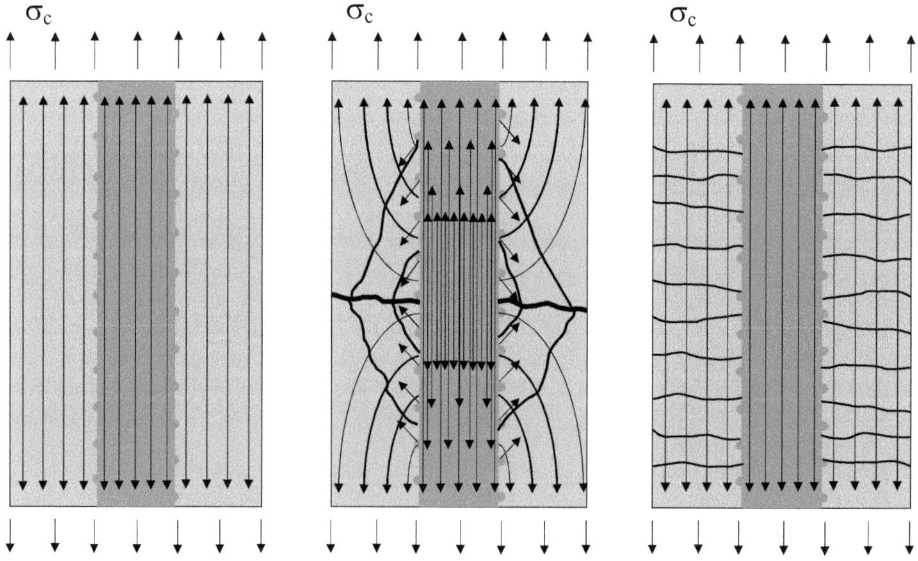

a) Composite before matrix cracking b) R/C after matrix cracking c) R/ECC after matrix cracking

Abb. 2 *Bruchausbildung und innere Spannungen in bewehrtem Beton und bewehrtem ECC*

Figure 2 *Crack formation and internal stresses in R/C and R/ECC composites*

Yielding of the steel component constitutes the final deformation stage of the R/ECC member, where both constituent materials have entered the inelastic deformation regime. Strain-hardening deformation behavior of both components (steel and ECC) prevents localization of deformation at a particular section and compatible inelastic deformations of steel and ECC are maintained. Cracking of ECC as well as yielding of reinforcement is uniformly distributed over the length of the specimen. Because of the large volume of material involved in the inelastic deformation process, energy absorption is significantly enhanced. The fact that the ECC contribution to the load-carrying capacity can be maintained at relatively large deformation levels beyond steel yielding is directly attributed to the ductility of the ECC matrix, i.e. its multiple cracking deformation behavior.

These mechanisms in R/ECC composites have been experimentally verified and contrasted to the tension stiffening behavior of R/C composites [5]. The comparison of the load-deformation response of R/ECC and R/C subjected to uniaxial tensile deformations clearly indicates the contribution of the ECC matrix to the load-carrying capacity particularly in the post-cracking and post-yielding regime (Figure 3).

Furthermore, the assumption of compatible deformations between ECC and steel reinforcement at large inelastic deformations is verified by observations on the interface between reinforcement and cementitious matrix after termination of the test. In the R/C specimen, the interface between concrete and steel in the vicinity of the transverse crack is debonded and inclined cracking in the concrete matrix indicates the inability of concrete to accommodate the deformations induced by the steel reinforcement beyond yielding (Figure 4). In the R/ECC specimen, simultaneous yielding of steel and multiple cracking of ECC prevent the activation of significant interfacial bond stress and consequently, the interface between steel reinforcement and ECC matrix remains intact throughout the elastic and inelastic deformation process of the R/ECC composite (Figure 4).

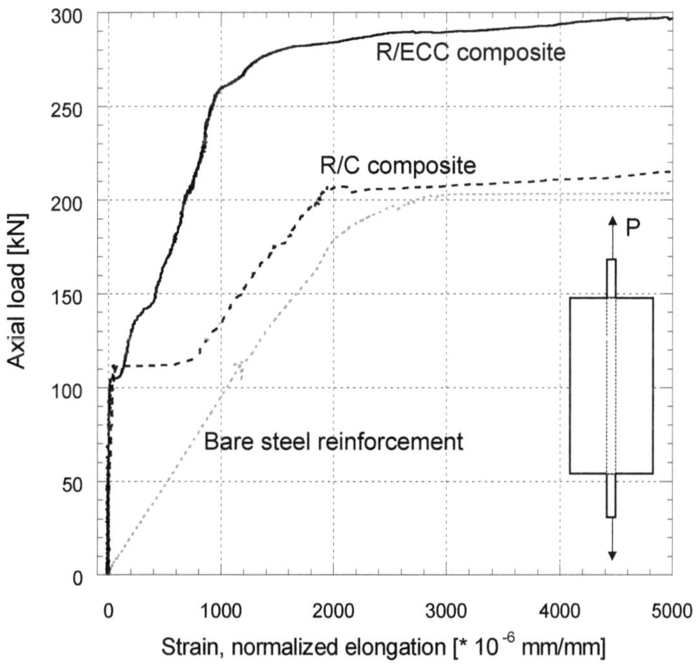

Abb. 3 *Zugkraft-Verformungsverhalten von bewehrtem Beton und bewehrtem ECC*
Figure 3 *Axial load-deformation response of R/C and R/ECC*

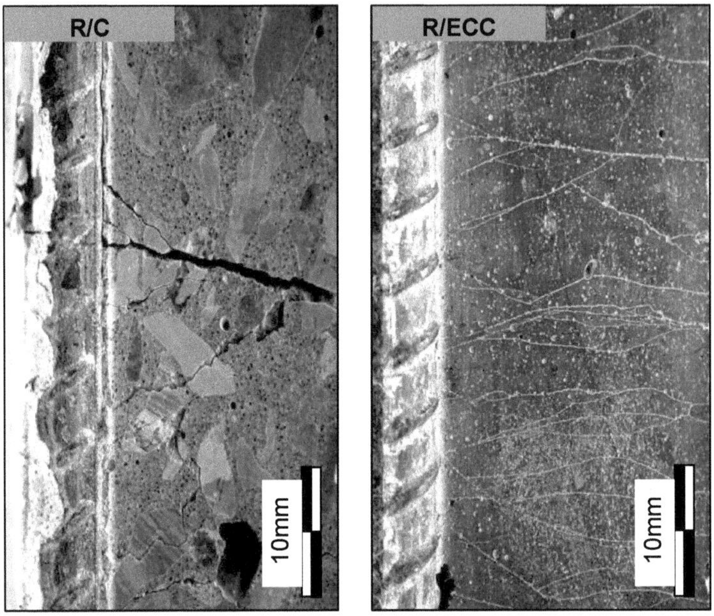

Abb. 4 *Grenzflächenzustand nach plastischen Verformungen des Bewehrungsstahls in Stahlbeton (links) und bewehrtem ECC (rechts)*

Figure 4 *Interface condition beyond yielding of steel reinforcement in R/C (left) and reinforced ECC (right)*

4 Reinforced ECC columns under reversed cyclic loading conditions

The design of reinforced concrete structures in seismically active regions is fundamentally based on the ability of structural members, such as specific beams and columns, to sustain deformations beyond their elastic limits while maintaining loading capacity. This feature, also known as ductility, in conventional reinforced concrete columns is largely dependent on the amount and configuration of transverse steel reinforcement, which directly influences the effective stress-strain behavior of the confined concrete core, provides resistance to member shear forces, and prevents bond splitting failure as well as buckling of longitudinal reinforcement after spalling of the concrete cover. Thus, transverse reinforcement effectively compensates the brittleness of concrete and indirectly provides structural ductility by assuring inelastic deformations in the longitudinal reinforcement and resisting adverse, premature failure modes.

Engineered cementitious composites (ECC) are inherently ductile and have shown in small-scale experiments to considerably improve the performance of flexural members reinforced with steel [6] and FRP reinforcement [7] under reversed cyclic loading conditions.

The research activities described in the following were intended to verify these findings under more realistic loading conditions and larger specimen dimensions. More specifically, the effect of axial loading on the flexural load-deformation behavior was experimentally investigated using specimens at approximately one-third scale. The performance of reinforced ECC columns with either steel or FRP reinforcement was assessed with respect to the load-deformation behavior, energy dissipation capacity and damage evolution, failure mode, and transverse reinforcement requirements [8].

In order to maintain a common basis for comparison of the load-deformation behavior of the composite systems considered in this study, all specimens were designed to have the same flexural stiffness in the elastic deformation regime. The amount and arrangement of the longitudinal reinforcement were determined from sectional moment-curvature analysis taking into consideration the anticipated elastic modulus of the cementitious matrices as well as that of the reinforcement materials. Assuming roughly similar elastic stiffness of the cementitious matrices, the lower elastic modulus of the C-FRP reinforcement (130GPa) as compared to steel (190GPa) had to be compensated by an inversely proportional increase in FRP reinforcement ratio.

The expected shear forces were initially determined for the steel reinforced specimens taking into consideration the nominal flexural capacity of member. Consequently, the steel reinforced concrete specimen was provided with transverse reinforcing bars in form of steel hoops in order to cover the anticipated shear demand, provide confinement of the concrete core, and prevent buckling of the longitudinal reinforcement. In the steel reinforced ECC specimen, the available shear resistance of ECC was assumed equal to its tensile strength (2.0MPa), which exceeded the expected shear demand on the column member and consequently, transverse steel reinforcement was not provided.

For FRP reinforced flexural members, the expected maximum shear forces cannot be determined by the above described procedure due to the elastic nature of the longitudinal FRP reinforcement. For the purpose of comparison it was decided to provide the same transverse reinforcement detailing in the FRP reinforced concrete and ECC specimens as in their respective steel reinforced counterparts.

The specimens were subjected to reversed cyclic lateral loading applied according to a displacement controlled loading sequence. Lateral displacements were increased incrementally up to 6% drift, beyond which, if applicable, the specimen was loaded monotonically to failure. In order to remain below the balance point of the column specimens, the axial load was kept constant at 15% of the respective compressive capacity of the specimen cross-section.

4.1 Material properties

The ECC matrix used in this particular study utilized 2%-Vol. Polyvinyl alcohol (PVA) fibers, cement, lime stone powder, fly ash, water, superplasticizer, and admixtures to enhance the fresh properties of the mix. Material properties in uniaxial tension obtained from this composition were a first cracking strength of 1.5MPa at 0.01% strain and ultimate tensile strength of 2.0MPa at approximately 1% strain.

In compression, the particular version of this PVA-ECC used in this experimental investigation had a significantly lower modulus of elasticity compared to concrete due to the lack of large aggregates and attained its compressive strength at larger strain (Figure 5). Beyond reaching its compressive strength, the stress gradually descends, resulting in a rather ductile mode of compressive failure. In order to provide a common basis for comparison, the compressive strength of concrete used in this study was initially chosen similar to the expected compressive strength of this version of ECC (60MPa). The compressive strength of ECC at time of testing was approximately 40MPa, which was unexpected and considerably lower than that of concrete used in the control specimens.

Concrete utilized coarse aggregates (maximum grain size 20mm), cement, water, and superplasticizer to enhance the fresh properties of the mix. Tensile tests on concrete showed tensile cracking strength of 2MPa at 0.01% strain and subsequent brittle failure. The compressive strength of concrete used in this study was approximately 63MPa (Figure 5).

For the longitudinal reinforcement of the column specimens, three types of reinforcing bars were used. The specimens with steel reinforcement were provided with deformed rebars of 13mm diameter with a yield strength of 380MPa at 0.203% strain and ultimate tensile strength of 480MPa as well as bars of 6mm diameter for longitudinal and transverse rein-

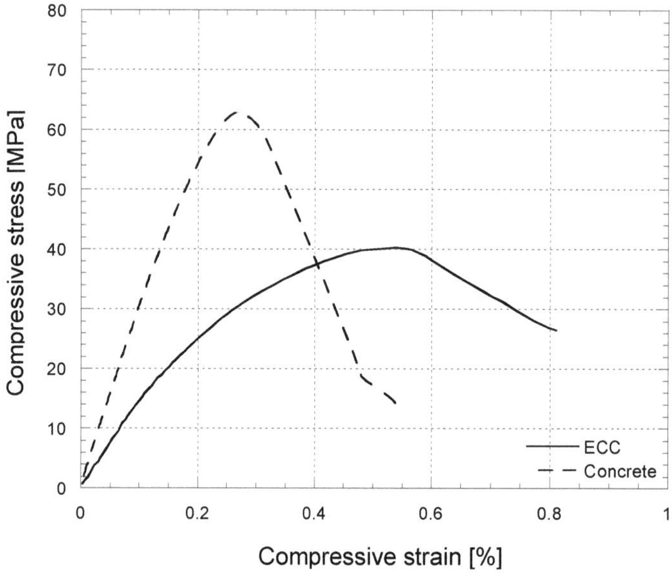

Abb. 5 *Spannungs-Dehnungsdiagramm von ECC unter Druckbeanspruchung*
Figure 5 *Compressive stress-strain response of ECC*

forcement with a yield strength of 290MPa at 0.15% strain and ultimate strength of 500MPa. Both types of reinforcing bars had an elastic modulus of approximately 190GPa.

The specimens with FRP reinforcement were provided with Carbon fiber reinforced tendons with a nominal diameter of 17.8mm (effective ∅14mm), elastic modulus of 130GPa and ultimate strength of 1800MPa at 1.6% strain.

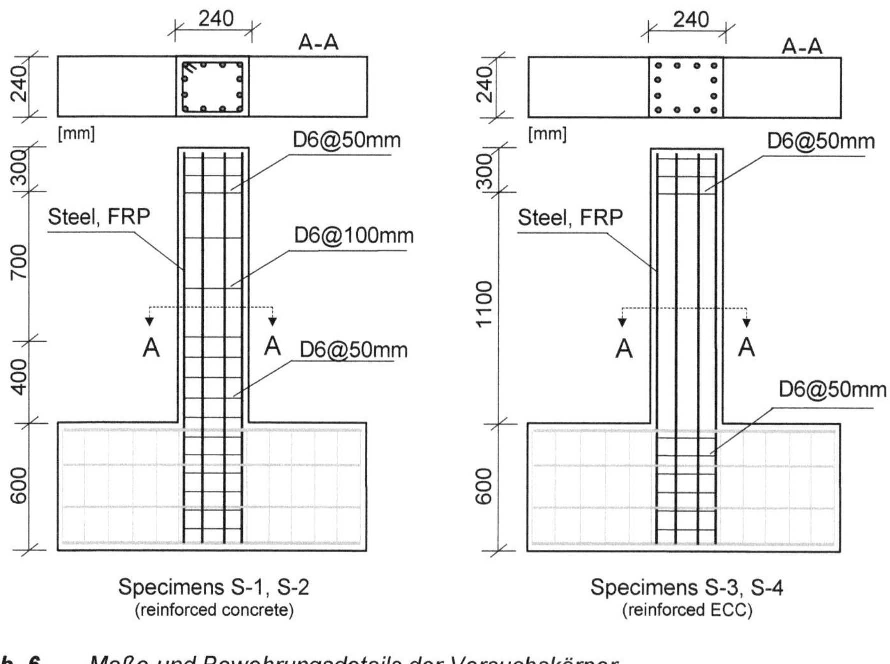

Abb. 6 *Maße und Bewehrungsdetails der Versuchskörper*
Figure 6 *Specimen configurations*

4.2 Specimen configurations and test setup

The behavior of reinforced ECC members under reversed cyclic loading conditions was experimentally investigated and contrasted to reinforced concrete using column specimens with 1400mm height and square cross-sectional dimensions of 240mm (Figure 6). The specimens were horizontally loaded in a cantilever mode at 1200mm from the column base, which was founded on a relatively stiff transverse beam. The specimen was anchored through the transverse beam with two post-tensioned steel rods to an L-shaped testing frame, which itself was supported on a swivel mechanism in order to eliminate eccentricity effects from the axial load applied through a pin connection on top of the cantilever. The lateral load was applied to the specimen through a hydraulic actuator within the loading frame to create a self-contained, internal force flow.

In this paper, results from tests on four different composite systems are presented, specifically a steel reinforced concrete column (S-1), an FRP reinforced concrete column (S-2), a steel reinforced ECC column (S-3), and an FRP reinforced ECC column (S-4).

Specimen S-1 (steel/concrete) was longitudinally reinforced with eight D13 and four D6 rebars, symmetrically arranged in four layers within the cross-section (Figure 6). Transverse steel reinforcement (D6) was placed at 50mm spacing in the joint region and at the column base (h=400mm), at 100mm spacing between 400mm and 1100mm column height, and at 50mm spacing above 1100mm to prevent possible damage at the top of the specimen due to the application of axial and horizontal loading. Specimen S-2 (FRP/concrete) was longitudinally reinforced with twelve C-FRP tendons with a nominal diameter of 17.8mm (effective 14mm) symmetrically arranged in four layers within the cross-section (Figure 6). Except the type and diameter of the longitudinal reinforcement, the arrangement of the longitudinal and transverse reinforcement was identical to specimen S-1 (steel/concrete). Specimen S-3 (steel/ECC) had longitudinal reinforcement identical to specimen S-1 (steel/concrete), however, transverse steel reinforcement was not provided between the column base and 1100mm height (Figure 6). Similarly, specimen S-4 (FRP/ECC) had longitudinal reinforcement identical to specimen S-2 (FRP/concrete), however, transverse reinforcement was not provided between the column base and 1100mm height (Figure 6).

Details of the specimen configurations including their expected and experimentally obtained flexural strength are summarized in Table 1.

Tabelle 1 *Übersicht der Versuchskörper*
Table 1 *Summary of specimen configurations*

Spec.	Composite	Axial load	Reinforcement ratio		Yielding		Ultimate	
			ρ_{long} (1)	ρ_{trans} (2)	Predicted (3)	Observed (4)	Predicted (5)	Observed (4)
S-1	R/C	520kN	2.04	1.30/ 0.65	67	80	74	88
S-2	R/C	520kN	3.22	1.30/ 0.65	-	-	100	108
S-3	R/ECC	330kN	2.04	-	55	68	62	76
S-4	R/ECC	330kN	3.22	-	-	-	78	100

[1] total longitudinal reinforcement ratio [%]
[2] transverse reinforcement ratio [%] below h=400mm/ above h=400mm
[3] predicted shear force [kN] at yielding
[4] observed shear force [kN]
[5] predicted shear force [kN] from moment-curvature analysis based on material properties

4.3 Test results and discussion

The response of the steel reinforced specimens (S-1, S-3) beyond formation of a plastic hinge at the column base is effectively determined by the inelastic deformation behavior of the longitudinal reinforcement in tension and the respective cementitious matrix in compression. Due to the unanticipated differences in compressive strength and modulus between concrete and ECC used in this study, the elastic stiffness and flexural strength of specimen S-1 (steel/concrete) (Fig.7a) are slightly larger than those of specimen S-3 (steel/ECC) (Fig.7b). The extensive formation of flexural cracking as well as lower elastic modulus of ECC in specimen S-3 result in a more compliant column member and consequently, the flexural stiffness of S-3 is slightly lower than that of S-1. Beyond yielding, composite damage in specimen S-1 due to bond splitting and subsequent cover spalling lead to an abrupt reduction in flexural resistance and further composite deterioration in the plastic hinge region by propagating shear cracks and crushing of the concrete core. In contrast, specimen S-3 maintains composite integrity especially at the column base and a flexural deformation mode. Compatible inelastic deformations between reinforcement and ECC reduce interfacial bond stress and bond-splitting and cover spalling are not observed.

In addition, ECC provides shear resistance and confinement of the column core and the longitudinal reinforcement, which are maintained at large inelastic deformations particularly in the plastic hinge region. Consequently, composite action between steel reinforcement and ECC is preserved. At this stage, inelastic compressive deformations in ECC occur in a rather ductile mode, resulting in stable inelastic reinforcement deformations in tension and compression at load reversal. Despite crushing of ECC in the column cover and in parts of the column core, its lateral confinement effect is preserved at specimen deflections of 10% drift at essentially constant flexural resistance (Fig.7b). Throughout the entire loading procedure, specimen S-3 maintains a flexural deformation mode without shear failure.

Both specimens with FRP reinforcement show a similar load-deformation behavior up

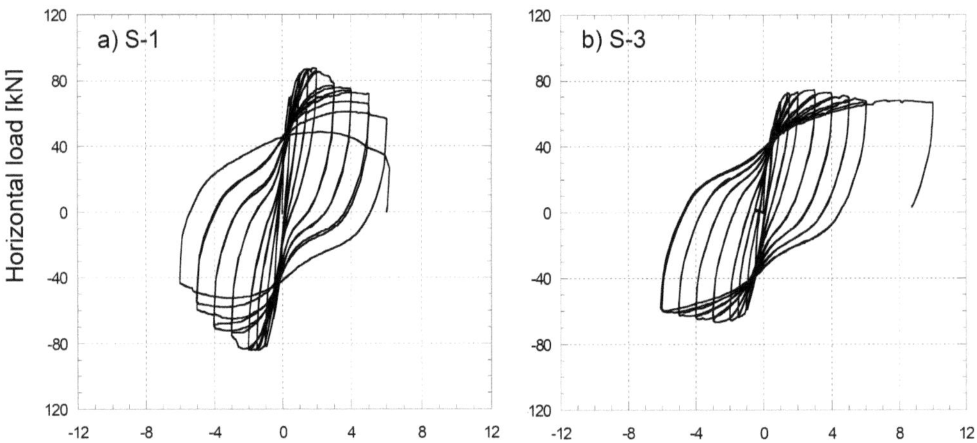

Abb. 7 *Last-Verformungsverhalten der Versuchskörper a) S-1 und b) S-3*
Figure 7 *Load-deformation response of a) S-1 and b) S-3*

to peak load (Figure 8). Crack formation in specimen S-2 (FRP/concrete), however, is dominated by shear cracking, while in specimen S-4 (FRP/ECC) cracking is generally initiated by flexure. The distribution of reinforcement strain along the column height in specimen S-2 also suggests a progressive debonding of FRP reinforcement and concrete at increasing drift levels indicated by constant strains in the FRP reinforcement between the column base and approximately 400mm height. This interfacial bond failure also propagates into the transverse beam as well as radially to the specimen surface, which is followed by concrete cover spalling in the reverse loading cycle. Failure in specimen S-2 at 3% drift is due to excessive shear and compressive stresses and subsequent concrete and FRP failure above the column base. In contrast, reinforcement strains in specimen S-4 are decreasing with increasing distance from the column base, suggesting continuous load transfer and intact interfacial bond due to compatible deformation between elastic reinforcement and ductile ECC matrix. While the peak tensile strain in the FRP reinforcement remains well below critical (1.8% tensile strain capacity), deformations on the compression side reach levels above critical (0.2% compressive strain capacity) and induce severe damage on the FRP reinforcement, which causes rupture and subsequent failure of specimen S-4 at 4% drift.

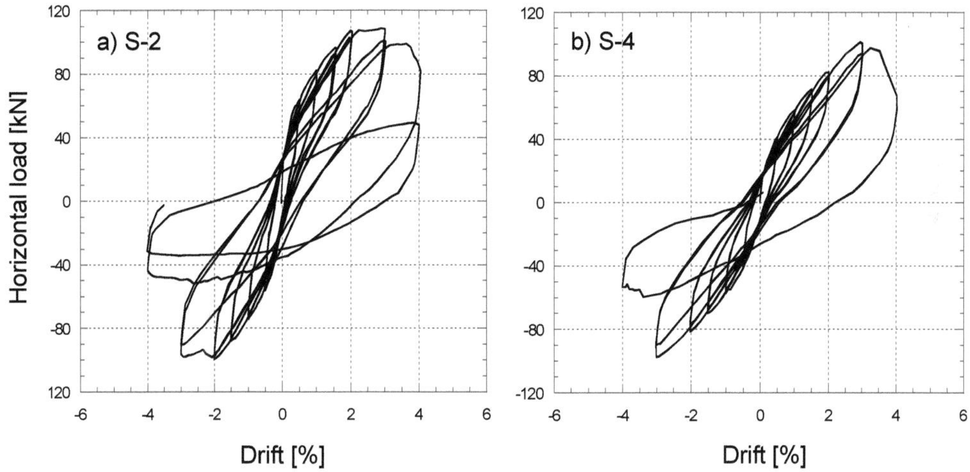

Abb. 8 *Last-Verformungsverhalten der Versuchskörper a) S-2 und b) S-4*
Figure 8 *Load-deformation response of a) S-2 and b) S-4*

5 Prefabricated floor panels

Besides seismic resistant structures, ECC can be utilized in prefabricated modular housing structures, which have become a promising alternative to site-built structures with equal or higher engineering quality and durability. Major advantages of this technology are fast and cost-efficient construction, reduced labor requirements, and superior quality control due to factory production. The modular design of these prefabricated structures offers the opportunity for research and application of innovative composite materials and structural concepts.

More specifically, Engineered Cementitious Composites (ECC) in combination with light gage steel joists have been utilized in the development of modular wall and floor panels for prefabrication of housing structures. The need for steel reinforcement in conventional reinforced concrete thin shell construction creates a technological difficulty as the placement of the reinforcing steel is very labor intensive and proper positioning of the reinforcing mats is difficult. The use of fiber reinforced Engineered Cementitious Composites (ECC) helped eliminate these constraints and lead to more economical and structurally reliable floor and wall elements.

The ECC composite floor panel and forming system is a novel precast, modular floor panel system consisting of an ECC slab, steel joists integrally cast with the slab, and optional precast ECC support footings integrally cast with the slab and the joists. The ECC slab and the steel joists develop composite action in the direction of the larger span of the panel. In between the joists, the ECC slab acts as a continuous one-way slab. The unique features of this panel system are: 1) Light weight due to reduced slab thickness and use of light gage steel joists, 2) Modularity and precast construction method of the system, 3) Reduced cost, 4) Applicability in steel and concrete frame systems, masonry and wood construction, 5) Fiber reinforcement eliminates the need for steel reinforcing bars or welded wire mesh, 6) Highly effective crack control due to fiber reinforcement.

Typical dimensions of the modular floor panel are 4m to 8m long by 1.2m wide with the width being determined primarily by handling requirements. Panel widths can be larger than 1.2m up to the width of the entire floor unit. The slab thickness for a typical floor panel (superimposed load ≤ 0.5kN/m^2) is 40mm and the light gage steel joist spacing typically does not exceed 610mm. The modular panels interlock along their adjacent edges through shear keys, which can be strengthened with an adhesive if floor diaphragm action is required. The light gage steel joists are provided with punch-outs at the section embedded in the ECC slab to ensure shear transfer and composite action. The dimensions and material properties of the steel joists are determined by the panel span, the loading conditions, and the panel deflection requirements.

5.1 Floor panel design

The ECC floor panel is designed as a composite member (ECC slab and steel joists) in the direction of the longer span of the panel (Figure 9) and as a one-way slab in between the joists. In the direction of the longer span, the ultimate moment capacity of the modular panel are computed using the following principles:

$$T_w=A_w*f_y, \text{ with } A_w=1/2A_s \quad (1)$$

$$T_f=A_f*f_y, \text{ with } A_f=1/4A_s \quad (2)$$

$$M_n=T_w*(d_w-t/2)+T_f(d_f-t/2) \quad (3)$$

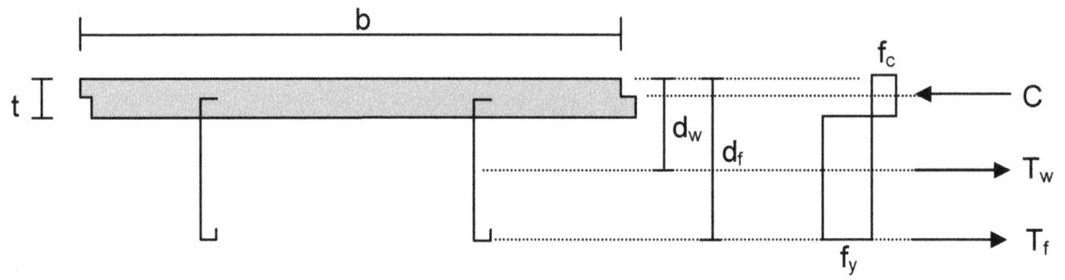

Abb. 9 *Bemessungsannahmen für das Deckenelement in Längsrichtung*
Figure 9 *Design assumptions for the floor panel in the direction of the long span*

For typical spans (≥4m), the deflection limit is likely to govern the design of the floor panel. To meet this requirement, light gage steel joists with larger depth and resulting moment of inertia are appropriate, however, architectural considerations on the total floor height may require shallower joists with larger gage thickness. Within practical limits, a multitude of panel configurations is capable of meeting a wide variety of structural and architectural requirements, including the use of engineered joists for spans beyond 8m.

Deflections of the floor panel are calculated using the transformed stiffness of the composite section EI_c (ECC slab and steel joist):

$$D=5(w_{DL}+w_{LL})*L^4/(384EI_c) \quad (4)$$

The deflection requirement for the design of the floor panel is:

$$1.25D \leq L/480 \quad (5)$$

In the direction between the joists, the ECC slab is designed to remain uncracked under service load conditions. The nominal moment capacity of the ECC slab is based on the first cracking strength of ECC.

$$M_n = f_t * I/(t/2) \quad (6)$$

Due to the elastic/plastic deformation behavior of ECC in tension and flexure, the structural response of the slab spanning between the joists is similar to that of a concrete slab reinforced with common steel wire mesh.

5.2 Floor panel fabrication

The steel joists are typically galvanized light-gage steel channels with punch-outs along the embedded web and flange to ensure composite action. The panel is cast in the inverted position with the top side facing down during fabrication to obtain a smooth exposed surface. Prior to casting of the ECC slab, the steel joists are positioned at mid-height within the slab and held in place by means of precast ECC footings at each end (Figure 10). Alternatively, light gage steel headers may be used to position the joists during the construction phase and serve as footings for the floor panel after installation. Typically, each prefabricated panel includes at least two joists for convenient handling and storage of the panel, which means that each footing carries one quarter of the panel load. The ECC has a flowable and self-consolidating consistency to ensure proper compaction around the steel joists and avoid the need for vibration during the casting process. After casting of the ECC slab, the panel is cured until the slab has gained sufficient strength for handling and storage. The curing process can be shortened by means of accelerating admixtures or steam curing.

Abb. 10 *Deckenelement nach Gießen des ECC*
Figure 10 *Floor panel after casting of ECC slab*

5.3 Structural behavior

Prototypes of ECC floor panels of different design and geometry have been subjected to various levels of distributed load to assess the deflections under service conditions as well as the ultimate moment capacity. The specimen described in the following had a span of 4m and a width of 1.2m with a slab thickness of 50mm and a joist spacing of 610mm. The light gage steel joists are 200mm high with a gage thickness of 1.37mm.

Loading of the floor panel specimen with a uniformly distributed load of 0.5kN/m^2 resulted in a measured deflection at midspan of 5.6mm, which corresponds to the value predicted by utilizing the transformed stiffness of the composite section EI_C. Table 2 shows a spreadsheet developed to calculate the properties and deflection of the panels under uniformly distributed loads.

Tabelle 2 *Berechnung der Deckenelementeigenschaften und -verformungen*
Table 2 *Calculation of floor panel properties and deflections*

Load	area load	100	lb/ft^2	Slab	length	12	ft	Steel joist	spacing	24	in	Floor panel	centroid	1.42	in
	total load	4800	lb		width	4	ft		height	8	in		EI (composite)	848,359,760	lb-in^2
	line load w	33	lb/in		depth	2	in		area	0.67	in^2		I (composite)	283	in^4
					weight	1040	lb		I	5.74	in^4				
									weight/ft	2.28	lb		max. deflection Δ		
													(predicted)	0.22	in
					E (ECC)	3,000,000	lb/in^2		E (steel)	29,000,000	lb/in^2				
					centroid	1	in		centroid	4.5	in		Δ/span	1/655	

Subsequent to the deflection test under service loading, the floor panel was subjected to a concentrated load at midspan to assess the ultimate moment capacity (Figure 12). The panel was loaded incrementally and the condition of the slab, the joists, and the support footings was inspected at each deflection increment.

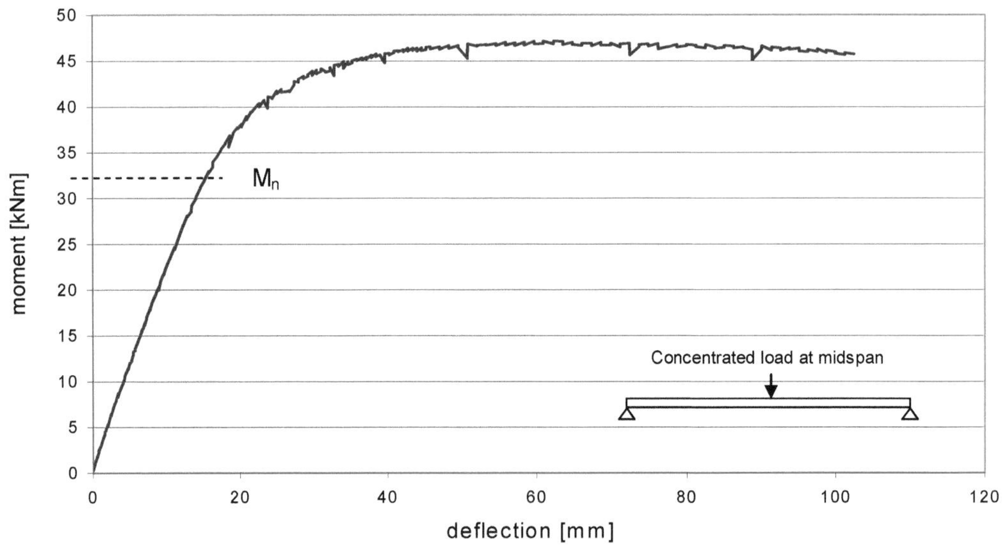

Abb. 11 *Last-Verformungsverhalten des ECC Deckenelements*
Figure 11 *Load-deflection response of floor panel specimen*

The load-deformation response of the specimen (Figure 11) indicates an elastic/plastic deformation behavior. Yielding of the steel joists initiates at a moment of approximately 32.5kNm. Due to the ductile deformation characteristics of the ECC slab and the resulting compatible deformations of ECC and steel in the yielding regime [5], the interface between the joist and the ECC slab remains intact. Interface degradation or spalling of the slab as well as buckling of the steel joists were not observed throughout the test.

As a result, the floor panel shows stable inelastic behavior up to relatively large deflections. The nominal moment resistance of the panel as determined from equation (3), and shown in Figure 11, is well below the experimentally obtained moment capacity and can be considered a conservative estimate.

Abb. 12 *ECC Deckenelement nach Beendigung des Biegeversuchs*
Figure 12 *ECC floor panel at termination of testing*

5.4 Economic considerations

The overall objective in the development of the ECC floor panel system described in this paper was to achieve an economically feasible alternative to current floor systems such as wood sheathing on steel joists or reinforced concrete on pan deck. Both systems have unique features and are commonly used in residential and commercial mid-rise construction.

Reinforced concrete on steel pan deck consists of steel joists supporting a steel pan serving as formwork and reinforcement for a cast in place concrete deck, which itself is reinforced with welded wire mesh. This deck system has relatively small deflections under service loads due to the high stiffness of the support structure and the reinforced concrete deck. However, this system also has a relatively high self-weight and is labor intensive during the construction process.

Wood sheathing on a steel joist support structure is substantially lighter than concrete on pandeck, however, it has relatively low stiffness and exhibits large deflections as the wood sheathing and the supporting joists do not act as a composite member. In the design of this deck system, the dead and live loads are exclusively assigned to the steel joists, which are spaced 305mm to 610mm on center depending on the expected loading and span length.

The prefabricated ECC floor panel system described in this paper is similar in stiffness to the concrete on pan deck system at less than half the self-weight. While the weight of the wood sheathing system is still substantially lower, the deflections of the wood sheathing system under service loads are substantially higher compared to the ECC floor panel system. These features indirectly impact the economical feasibility of the floor panel system with respect to the design and layout of the frame system supporting the floor.

The material cost of the floor systems described above can be compared directly based on information provided by a manufacturer of prefabricated modular school buildings [9] currently using both traditional floor systems as well as the ECC floor panel system (Figure 13). While the cost of ECC is higher than that of concrete, the material cost of the ECC floor panel system is approximately 30% less than that of the concrete pan deck. In addition to reduced material cost, additional savings result from reduced labor, construction time (in factory and on-site), and shipping cost as well as from the use of recycled materials, modularity, and possible reuse of the panels.

Abb. 13 *ECC Deckenelemente installiert in Fertigteilmodul für Schulgebäude*
Figure 13 *ECC floor panels installed in a prefabricated school module*

6 Conclusions

The presented research activities on structural applications of ECC have shown that the combination of ECC with structural reinforcement leads to significant improvements of their structural performance as compared to conventional reinforced concrete members.

Particularly, the combination of reinforcement and matrix material with elastic/plastic stress-strain behavior results in a composite where both materials are deforming compatibly in the inelastic deformation regime. Consequently, damage induced by local slip and excessive interfacial bond stress between reinforcement and matrix is prevented. The ECC matrix stiffens the specimen at uncracked sections and also strengthens it at cracked sections. Hence, the composite load-deformation response is significantly improved in terms of axial load-carrying capacity as well as ductility. In order to maintain this composite action at relatively large inelastic deformations, strain hardening and multiple cracking of the ECC matrix are essential. It should be emphasized that the resulting composite behavior is not primarily achieved by enhanced material resistance in terms of matrix tensile strength, confinement effect or interfacial bond strength but rather by reducing internal stresses which would necessitate such resistance. Compatible deformation between ECC and steel reinforcement implies that bond strength in R/ECC is not as significant as in R/C for enhanced structural performance.

Steel reinforced ECC flexural members are found to provide significantly improved ductility and energy dissipation capacity compared to steel reinforced concrete. Similarly, FRP reinforced ECC flexural members show larger elastic deformation capacity compared to FRP reinforced concrete, however, the sensitivity of the FRP reinforcement to damage from induced compressive strain demands must be considered.

In general, transverse steel reinforcement requirements in reinforced ECC flexural members are found significantly reduced compared to current design requirements in conventional reinforced concrete. Reinforced ECC flexural members are also found to experience controlled composite damage by flexural crack formation without showing performance degradation at increasing flexural deformations resulting from composite disintegration and damage. Premature failure modes caused in reinforced concrete by crushing of the concrete core and buckling of longitudinal reinforcement, are not observed in reinforced ECC members, which maintain stable composite interaction mechanisms between structural reinforcement and ECC matrix.

The prefabricated floor panel system described in the second part of this paper, consisting of a PVA-ECC slab and light gage steel joists, is a promising alternative to traditional floor systems, such as reinforced concrete on pan deck and wood sheathing on steel joists. The load deformation behavior of the PVA-ECC floor panel shows favorable characteristics with relatively high flexural stiffness and strength and ductile ultimate failure. The primary advantages of this floor panel system are its high stiffness/strength to weight ratio and low cost. Besides these structural and economic benefits, the use of recycled waste materials in the PVA-ECC floor slab and the relatively small amount of light gage steel make this system an environmentally friendly product without compromising its primary functions and performance features.

7 Notation

C	=	Compression force in slab
T_w	=	Tension force in web of steel joists
A_w	=	Area of web of steel joists
f_y	=	Yield strength of steel joists
T_f	=	Tension force in bottom flange of steel joists
A_f	=	Area of bottom flange of steel joists
A_s	=	Total area of steel joists
M_n	=	Nominal moment capacity of panel
d_w	=	Depth of centroid of web of steel joists
d_f	=	Depth pf centroid of flange of steel joists
t	=	Thickness of FRC slab
L	=	Span of panel
w_{LL}	=	Line load due to live load
w_{DL}	=	Line load due to dead load
EI_c	=	Transformed stiffness of composite section
b	=	Width of the modular panel
f_t	=	Tensile strength of ECC
f_c	=	Compressive stress in ECC
I	=	Moment of inertia of ECC slab

8 References

[1] Naaman, A.E. and Reinhardt, H.W., 1995, “Characterization of high performance fiber reinforced cement composites-HPFRCC”, in Proc. of High Performance Fiber Reinforced Cement Composites 2 (HPFRCC 2), Ed. A.E. Naaman and H.W. Reinhardt, pp.1-23.

[2] Li, V.C. (1998), "Engineered Cementitious Composites – Tailored Composites Through Micromechanical Modeling," in Fiber Reinforced Concrete: Present and the Future edited by N. Banthia, A. Bentur, A. and A. Mufti, Canadian Society for Civil Engineering, Montreal, pp. 64-97.

[3] ACI Committee 224, 1992, “Cracking of Concrete Members in Direct Tension”, Report ACI 224.2R-92, American Concrete Institute, Farmington Hills, MI.

[4] Goto, Y., 1971, “Cracks formed in Concrete around Deformed Tension Bars”, Journal of the American Concrete Institute, V.68, No.4, April, pp.244-251.

[5] Fischer, G. and Li, V.C., 2002a, “Influence of matrix ductility on the tension-stiffening behavior of steel reinforced Engineered Cementitious Composites (ECC)”, ACI Structural Journal, Vol. 99, No.1, pp. 104-111, January-February.

[6] Fischer, G., and Li, V.C., 2002, “Effect of matrix ductility on deformation behavior of steel reinforced ECC flexural members under reversed cyclic loading conditions,” ACI Structural Journal, V.99, No.6, Nov.-Dec., pp. 781-790.

[7] Fischer, G., and Li, V.C., 2003 “Deformation behavior of FRP reinforced flexural members under reversed cyclic loading conditions”, ACI Structural Journal, V.100, No.1, Jan.-Feb., pp. 25-35.

[8] Fischer, G., Fukuyama, H., and Li, V.C., “Effect of Matrix Ductility on the Performance of Reinforced ECC Column Members under Reversed Cyclic Loading Conditions,” paper presented at the JCI International Workshop on Ductile Fiber Reinforced Cementitious Composites (DFRCC), Takayama, Japan, October 2002.

[9] AFS Industries, Inc. (2005), personal communication, Chula Vista, CA.

Anwendungen eines neuen Werkstoffs – SHCC

Applications of a New Material – SHCC

Folker H. Wittmann

Synopsis

In diesem Beitrag werden zunächst charakteristische Eigenschaften des neuen Werkstoffes für das Bauwesen SHCC (Strain Hardening Cement-based Composites) beschrieben. In Wirklichkeit handelt es sich um eine ganze Gruppe neuer Werkstoffe, die je nach Anwendung optimiert werden können. Herausragende Eigenschaft dieser neuen Gruppe von Werkstoffen ist die extreme Duktilität. Dehnungen von mehreren Prozent können ohne schädigende Rissbildung aufgenommen werden. Im zweiten Teil dieses Beitrages werden einige Anwendungsmöglichkeiten des SHCC beschrieben. Richtig angewendet kann SHCC die Lebensdauer von Stahlbetontragwerken erheblich verlängern.

Characteristic properties of the new building material SHCC (Strain Hardening Cement-based Composites) are first briefly described in this contribution. It is outlined that in reality, SHCC stands for a whole group of new materials which can be optimized according to their specific application. Extreme ductility is the most obvious of a series of interesting properties. The material can be strained by several percent without damaging crack formation. Some promising applications of the new material SHCC are briefly described in the second part of this contribution. If the material is applied in a reasonable way, service-life of reinforced concrete structures can be considerably prolonged.

Prof. Dr. rer. nat. Dr.-Ing. E. h. Folker H. Wittmann, Aedificat Institut Freiburg, Freiburg, Deutschland und Qingdao Technological University, Qingdao, China

1 Einleitung

Von vielen Seiten wird die zu geringe Lebensdauer der Tragwerke aus Stahlbeton bedauert. Störend werden von einer großen Masse in erster Linie die durch notwendige Reparaturarbeiten bedingten Staus und die dadurch verursachten Unfälle empfunden. Im ASCE Report 2005 [1] wird festgestellt, dass die jährlichen Instandsetzungskosten für Brücken allein in den USA derzeit mehr als 9 Milliarden US $ betragen. Außerdem wird geschätzt, dass zusätzlich etwa 54 Milliarden US $ wegen der Verkehrbehinderungen von den Verkehrsteilnehmern direkt aufgebracht werden müssen. Dieser Betrag setzt sich im Wesentlichen aus den Unfällen bedingten Reparaturkosten und den Kosten für den in Staus verbrauchten Treibstoff zusammen. Diese Zahlen belegen überzeugend, dass eine zu geringe Beständigkeit der Infrastruktur nicht nur ein finanzielles Problem darstellt, sondern dass dadurch gleichzeitig ein gewaltiges Umweltproblem entstanden ist. Diese Problematik ist nicht neu und wird mit unterschiedlicher Akzentsetzung in den meisten Ländern seit Jahren diskutiert. Wenn man allerdings die statistischen Erhebungen der zurück liegenden Jahre betrachtet, kann man feststellen, dass sich die Situation bis heute nicht wesentlich gebessert hat. Offensichtlich ist das Problem durch Ändern der traditionellen Technologien allein nicht umfassend zu lösen. Ein Grund für die zu beklagende Situation ist der weit verbreitete Irrglaube, hochfester Beton sei automatisch dauerhafter als Normalbeton. Hochfester Beton ist aber spröder als Normalbeton und damit wesentlich rissempfindlicher. In diesem Zusammenhang wurde bereits mehrfach darauf hingewiesen, dass das Primat der Festigkeit im Stahlbetonbau durch Duktilität zu ersetzen sei [2-3]. Hohe Festigkeit ist in der Praxis sehr einfach und preisgünstig zu erreichen. Das Erreichen einer deutlich gesteigerten Duktilität hingegen verlangt neue komplexere Technologien und ist mit Mehrkosten verbunden.

Faser verstärkte Werkstoffe gibt es seit Jahrtausenden. Aus prähistorischer Zeit stammen Lehmbauteile, die mit Stroh und Reisig verstärkt wurden. Auch andere Naturfasern wurden schon sehr früh eingesetzt. In jüngerer Zeit wurden hauptsächlich Stahl- Glas- und Polymerfasern verwendet. Seit langem werden auch so genannte Cocktails, also ein Gemenge mehrer und unterschiedlicher Fasern, zur Verstärkung von Werkstoffen des Bauwesens eingesetzt. Mit diesen Faser verstärkten Werkstoffen konnte die Zugfestigkeit etwas, die Bruchenergie jedoch deutlich erhöht werden. Die maximale Dehnfähigkeit ohne Rissbildung bleibt dagegen eher bescheiden. Sie reicht im Allgemeinen nicht aus, die einem Bauteil in der Praxis aufgezwungenen Dehnungen schadlos aufzunehmen. Da aber Risse einen entscheidenden Einfluss auf die Beständigkeit eines Werkstoffs und insbesondere des Stahlbetons haben, weisen traditionelle Faser verstärkte Werkstoffe zwar verbesserte mechanische Eigenschaften auf, sie leisten aber keinen entscheidenden Beitrag zur Erhöhung der Beständigkeit. Ein echter Durchbruch gelang Victor C. Li [4-5]. Auf der Basis eines mikromechanischen Modells gelang es ihm, einen grundsätzlich neuen Werkstoff zu entwickeln. Bei diesem Werkstoff wird das Lokalisieren eines makroskopischen Risses bis zu großen Dehnungen verhindert. Während in der spröden Zement gebundenen Matrix sukzessive Mikrorisse entstehen, wird die aufnehmbare Last sogar noch erhöht. Also spricht man von Dehnungsverfestigung (strain hardening). Die Bezeichnung dieses neuen Werkstoffes ist noch nicht überall die gleiche. Da sich der neue Werkstoff aber in erster Linie durch die Dehnungsverfestigung von anderen hochleistungsfaserbewehrten Werkstoffen unterscheidet, wurde für die gesamte Gruppe die Bezeichnung „Strain Hardening Cement-based Composites, (SHCC)“ vorgeschlagen und wir werden diese Bezeichnung im folgenden auch übernehmen.

Junge Betonbauteile sind im Allgemeinen nahezu Wasser gesättigt. Nach dem Ausschalen ist deren Oberfläche aber einer niedrigeren und variablen relativen Luftfeuchtigkeit ausgesetzt. Während das neue hygrische Gleichgewicht sich durch Trocknen langsam einstellt, verringert sich das Volumen des Betons durch Schwinden. Der Oberflächen nahen Zone eines trocknenden Bauteils wird dadurch eine behinderte Zugverformung aufgezwungen. Die Schwindverformung des Betons liegt zwischen 0,5 und 0,8 ‰. Die aufnehmbare Dehnung dagegen ist nur etwa 0,15 ‰. Dadurch wird gerade der Teil eines Stahlbetonbauteils, der die Bewehrung schützen sollte, durch Rissbildung geschädigt. Als Folge davon sinkt die Lebensdauer des betreffenden Tragwerks. In der Praxis addieren sich zur reinen Schwindverformung noch thermisch induzierte Verformungen und da es sich in der Regel um tragende Bauteile handelt auch mechanisch aufgeprägte Verformungen. Wenn wir sicherstellen wollen, dass die Summe aller aufgeprägten Verformungen schadenfrei aufgenommen werden kann, brauchen wir einen Werkstoff mit einer maximalen Dehnbarkeit von mehr als 2 %. Diese Forderung erfüllt derzeit nur der neue Werkstoff SHCC.

2 Spezifische Eigenschaften des neuen Werkstoffs SHCC

2.1 Spannungs-Dehnungsdiagramm

In Abb. 1 ist ein typisches Spannungs-Dehnungsdiagramm eines Polymer Faser verstärkten Zement gebundenen Werkstoffs mit Dehnungsverfestigung (strain hardening) nach [6] gezeigt. Die gesamte Verformungsrelation des SHCC kann in drei Bereiche unterteilt werden. Im ersten Bereich reagiert der Werkstoff nahezu linear elastisch. Dieser erste Bereich geht mit der Bildung des ersten Risses in der Matrix zu Ende. In diesem Moment wird oft ein plötzliches Absinken der Spannung beobachtet. Die Fasern übertragen jetzt die Kraft im Mikroriss. Hierfür kommen nur hochfeste Fasern mit einem hohen Elastizitätsmodul in Frage. Heute werden oft feine und kurze PVA Fasern verwendet.

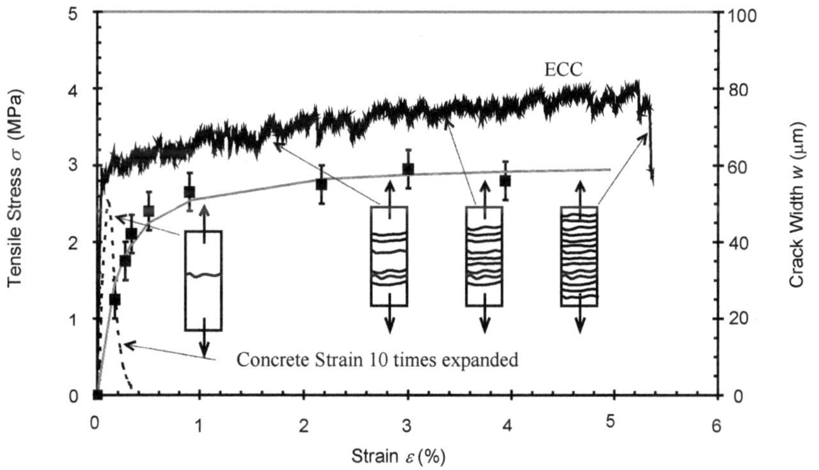

Abb. 1 *Typisches Spannungs-Dehnungsdiagramm eines SHCC nach [6]. In diesem Diagramm sind außerdem Mittelwert und Standardabweichung der Rissbreite als Funktion der aufgezwungenen Dehnung eingetragen.*

Figure 1 *Characteristic stress-strain diagram of SHCC according to [6]. The mean value and the standard deviation of the crack width are additionally shown as a function of imposed strain.*

Der zweite Bereich ist durch Vielfachrissbildung charakterisiert. Insgesamt steigt dabei die aufnehmbare Spannung mit zunehmender Dehnung an. In diesem zweiten Bereich der Dehnungsverfestigung kann bei einem optimierten Werkstoff eine maximale Dehnung von über 5 % erreicht werden. Es ist an dieser Stelle anzumerken, dass die physikalischen Mechanismen der Dehnungsverfestigung im SHCC nicht vergleichbar sind mit denen der ähnlichen Erscheinung des Stahls. Der zweite Bereich wird auch pseudo-plastisch genannt, obwohl es sich genau genommen nicht um eine plastische Verformung handelt.

In Abb. 2 sind Ergebnisse eines direkten Zugversuchs dargestellt. Dieser SHCC wurde mit 1,5 Vol. % PVA Fasern der Firma Kuraray hergestellt (REC 15: Länge = 12 mm, Durchmesser = 40 µm, Zugfestigkeit = 1.600 MPa, Elastizitätsmodul = 40 GPa) Bei diesem Experiment wurde die aufgezwungene Verformung im pseudo-plastischen Bereich zyklisch variiert. Aus den in Abb. 2 dargestellten Schleifen wurde der Elastizitätsmodul als Funktion der aufgezwungenen Dehnung bestimmt. Das Ergebnis ist in Abb. 3 dargestellt. Der Elastizitätsmodul nimmt mit zunehmender Dehnung ab. Das zeigt an, dass der Werkstoff durch Mikrorissbildung mit wachsender Dehnung kontinuierlich geschädigt wird. Die Schädigung kann beispielsweise auch über die Schalllaufzeit gemessen werden.

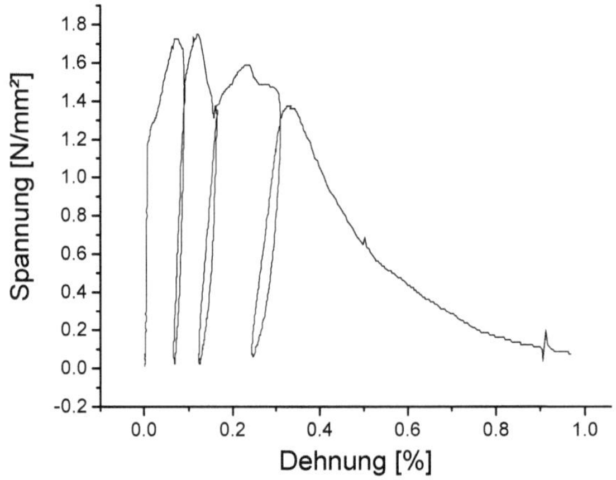

Abb. 2 *Spannungs-Dehnungsdiagramm eines SHCC. Im Bereich der pseudo-plastischen Verformung wurde die Verformung zyklisch variiert.*

Figure 2 *Stress-strain diagram of SHCC. The imposed strain has been varied cyclically in the range of pseudo-plastic deformation.*

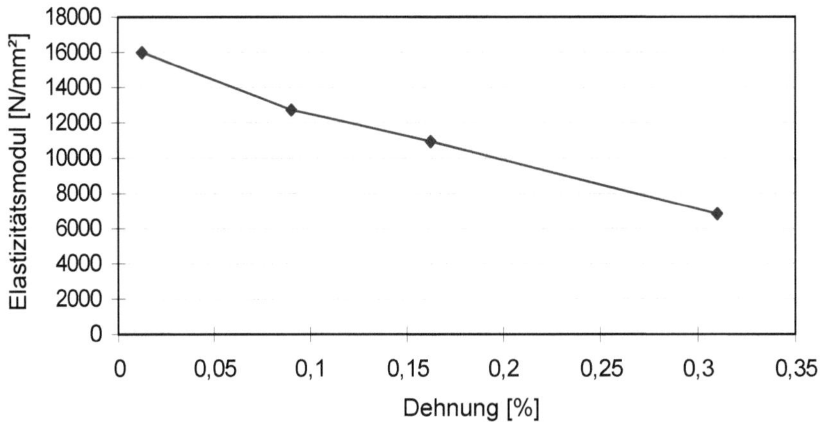

Abb. 3 *Abnahme des Elastizitätsmoduls eines SHCC im pseudo-plastischen Bereich als Funktion der aufgezwungenen Dehnung*

Figure 3 *Decrease of elastic modulus of SHCC in the pseudo-plastic range as function of imposed strain*

In Abb. 1 sind außerdem die gemessenen Rissbreiten (Mittelwert und Standardabweichung) als Funktion der Dehnung eingetragen. Hinsichtlich der Beständigkeit ist es von besonderer Bedeutung, dass die Weite der Mikrorisse anfänglich zwar wächst, aber in einem optimierten Werkstoff einen Maximalwert von etwa 70 µm nicht übersteigt. Die Dehnung wird also nicht durch Erweitern bestehender Risse hervorgerufen, sondern durch Zunahme der Anzahl von Mikrorissen, der Rissdichte also. In Abb. 4 ist der Permeabilitätskoeffizient als Funktion der Rissöffnung nach Wang et al. [7] aufgetragen. Danach wird die Wasserdurchlässigkeit bis zu einer Rissöffnung von etwa 80 µm nicht wesentlich erhöht. Sobald die Rissöffnung 100 µm übersteigt, wird Beton dagegen viel durchlässiger für Flüssigkeiten und darin gelöste Schadstoffe. Wir können also feststellen, dass es mit einem optimierten SHCC möglich ist, einem Bauteil Dehnungen bis zu 5 % aufzuprägen, ohne dass dadurch die Beständigkeit wesentlich beeinflusst würde. Dies ist völlig neu und mit herkömmlichen Werkstoffen des Bauwesens auch nicht näherungsweise zu erreichen. Takewaka et al. sind durch eigene Messungen zu einem vergleichbaren Ergebnis gekommen [8]. Außerdem haben Lepech et al. die Permeabilität bei unterschiedlicher Rissweite bestimmt [9].

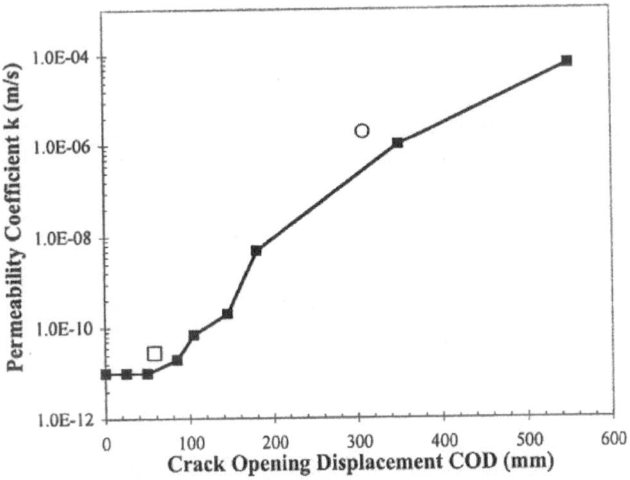

Abb. 4 *Permeabilitätskoeffizient eines Zement gebundenen Werkstoffs als Funktion der Rissweite nach Wang et al. [7]*

Figure 4 *Permeability coefficient measured on cement-based materials as a function of crack width according to Wang et al. [7]*

Wenn eine kritische Dichte der Mikrorisse erreicht ist, tritt schließlich Lokalisieren eines Makrorisses ein. Dieser Riss wächst und entlastet damit alle Mikrorisse, da die aufnehmbare Last rasch abnimmt. Dieser dritte Bereich ist mit der Dehnungsentfestigung wie sie an Normalbeton zu beobachten ist, durchaus zu vergleichen. Im direkten Zugversuch erhält man die Dehnungsentfestigung unmittelbar aus den Messdaten. Auch in diesem Fall kann die Rissbildung wie von Hillerborg [10] vorgeschlagen auf eine fiktive Rissebene bezogen werden. Beim Vier-Punkt Biegeversuch hingegen muss die Dehnungsentfestigung durch inverse Analyse aus den Messwerten ermittelt werden. Hierzu ist allerdings eine komplexe numerische Analyse notwendig [11-12].

2.2 Optimieren der Rissweite

Wie bereits festgestellt, ist SHCC die Bezeichnung für eine Gruppe von neuen Werkstoffen, die sich alle durch Dehnungsverfestigung auszeichnen. Sie können für eine gegebene Anwendung jeweils optimiert werden. In manchen Fällen sollte beispielsweise eine maximale Dehnfähigkeit erreicht werden, in anderen Fällen kann die Begrenzung der maximalen Rissweite im pseudo-plastischen Bereich im Vordergrund stehen. Im Folgenden wollen wir den Einfluss des Fasergehaltes eines Zement gebundenen zusammen gesetzten Werkstoffes auf die Rissweite im pseudo-plastischen Bereich näher betrachten.

Wie eingangs bereits erwähnt, können durch Trocknen aufgezwungene Schwindverformungen von konventionellem Beton in vielen Fällen nicht ohne Rissbildung aufgenommen werden. Wenn es gelingt, die maximale Rissbreite der dadurch resultierenden Risse auf Werte unter dem kritischen Wert von etwa 50 µm zu halten, ist die Schädigung mechanisch zwar nachweisbar, sie hat aber keinen entscheidenden Einfluss auf die Beständigkeit. Es hat sich gezeigt, dass der seit Jahrzehnten verwendete Ringtest besonders geeignet ist, die Rissbildung in einem trocknenden Zement gebundenen Werkstoff quantitativ zu verfolgen [13-14]. Dabei wird um einen Stahlring ein Mörtel- oder Betonring gegossen. Nach dem Erhärten und Ausschalen wird die Probe in trocknender Luft gelagert. Diese einfache Versuchseinrichtung ist mit dem Reißrahmen vergleichbar. Um einen einfachen radialen Feuchtigkeitstransport zu erzeugen, wird die freie Stirnfläche des Mörtelrings noch mit Silikon abgedichtet. Die durch Behinderung der Schwindverformung im Stahlring erzeugte Dehnung wird über Dehnmessstreifen gemessen. An Parallelproben wird der Feuchtigkeitsverlust verfolgt. Die entstehenden Risse und deren Weite können mit Hilfe eines Mikroskops beobachtet werden. Damit hat man die wesentlichen Parameter, um den Verlauf des Versuches numerisch simulieren zu können. Erst dadurch werden die Ergebnisse wirklich interpretierbar bedeutungsvoll [15].

In Abb. 5 ist der Versuchsaufbau des Ringtests schematisch gezeigt. Alle Abmessungen sind in cm angegeben. Ein typisches Beispiel für die durch das Schwinden des Mörtelrings dem Stahlring aufgezwungene Stauchung ist in Abb. 6 dargestellt. Bis zu einer Trocknungsdauer von etwa 3 Tagen steigt die Stauchung des Stahlrings unter der Einwirkung des unbewehrten Mörtels und bei Messungen mit Mörtel mit unterschiedlichem Fasergehalt stetig an. Sobald die Spannung im Mörtelring die Zugfestigkeit übersteigt, entsteht ein Riss und die Stauchung des Stahlrings geht rasch gegen Null. In den Faser verstärkten Mörtelproben entstehen zu gleicher Zeit die ersten Mikrorisse. Da die Fasern aber die Kraft in einem neu gebildeten Mikroriss übertragen, steigt die Stauchung zunächst sogar noch weiter an. Dies wird durch die Dehnungsverfestigung gesteuert. Nach langer Trocknungsdauer verlangsamt sich der Schwindvorgang und die Spannung im Mörtelring wird langsam durch Relaxation abgebaut. Dadurch geht schließlich die Stauchung des Stahlrings wieder zurück.

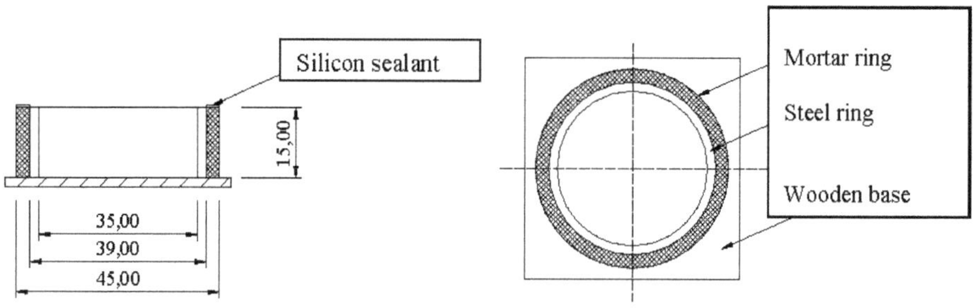

Abb. 5 *Querschnitt und Draufsicht des Ringtests zur Bestimmung der schwindinduzierten Rissbildung nach [13-14]*

Figure 5 *Section and plane view of the experimental set-up to determine shrinkage induced crack formation*

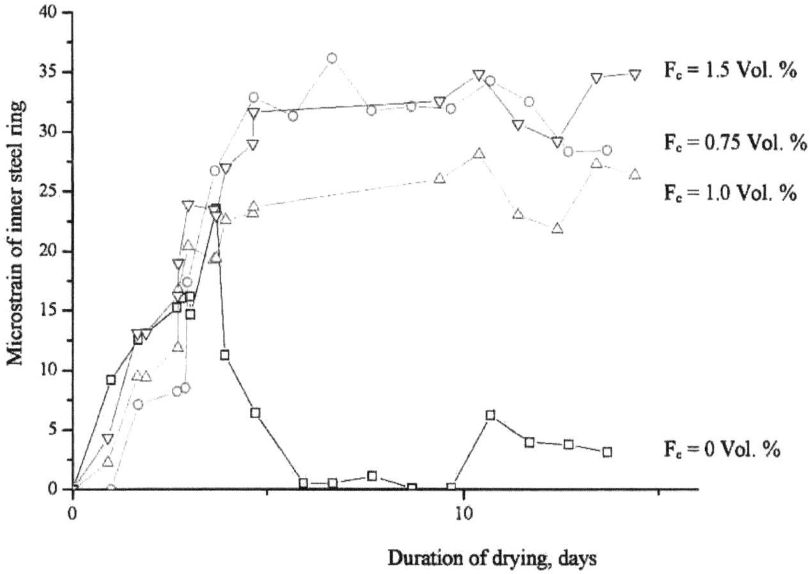

Abb. 6 *Gemessene Stauchung im Stahlring unter der Einwirkung von trocknenden Mörtelringen mit unterschiedlichem Fasergehalt*

Figure 6 *Experimentally determined strain of the steel ring under the action of drying mortar rings having different fibre contents*

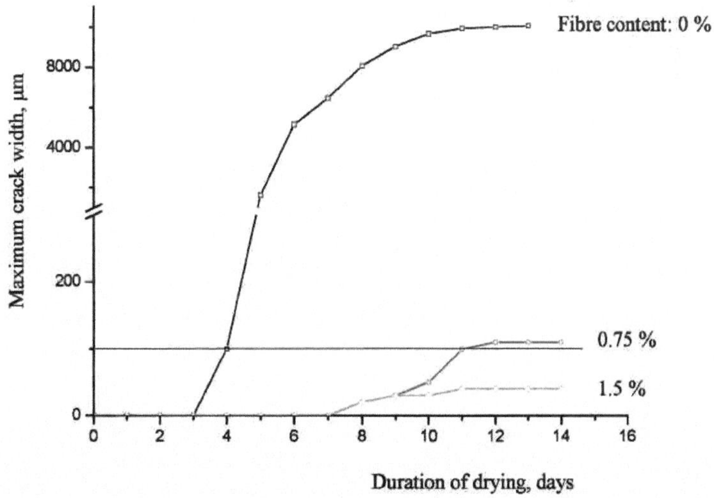

Abb. 7 *Rissweite gemessen im Ringversuch an trocknenden Mörtelringen mit unterschiedlichem Fasergehalt*

Figure 7 *Crack width as measured in a ring test on drying mortar rings having different fibre contents*

Das entscheidende Ergebnis sind aber nicht die auftretenden Spannungen oder Verformungen sondern die maximale Rissweite im Bereich der Dehnungsverfestigung. In Abb. 7 sind typische Ergebnisse einer Versuchsreihe gezeigt. Im unbewehrten Mörtelring entsteht ein Riss, der sich nach einigen Tagen bis zu einer Rissweite von 8 mm öffnet. Werden dem Mörtel 0,75 Vol. % PVA Fasern zugegeben, so stellt man fest, dass optisch erkennbare Risse später entstehen. Die maximale Rissweite der zahlreichen Risse wächst bis zu einem Wert knapp über 100 µm an. Damit sind zwar klaffende Risse vermieden, der Abb. 4 können wir jedoch entnehmen, dass bei dieser Rissweite bereits mit einer Erhöhung der Permeabilität gerechnet werden muss. Wenn wir aber 1.5 Vol. % PVA Fasern der Matrix beimischen, bleiben die entstehenden Mikrorisse unter 50 µm. Damit ist also ein Zement gebundener Werkstoff hergestellt, der hohe Dehnungen im Bereich der Dehnungsverfestigung aufnehmen kann, ohne dass die Beständigkeit verringert wird.

3 Mögliche Anwendungen des neuen Werkstoffs

3.1 Allgemeine Bemerkungen

Wenn ein neuer Werkstoff entwickelt ist, kann er in einigen Ländern sofort und ohne größeren administrativen Aufwand in der Praxis eingesetzt werden. Die volle Verantwortung trägt in diesem Fall der verantwortliche Ingenieur. In anderen Ländern sind da zunächst noch gewaltige administrative Hürden zu nehmen. Für einen Werkstoff mit deutlich anderen Eigenschaften als die in den Normen verankerten vereinfachenden Annahmen, müssen aber in jedem Fall zunächst Werkstoffgesetze für die Bemessung formuliert werden. Diese Werkstoffgesetze können dann dem planenden Ingenieur in Form von Richtlinien zur Verfügung gestellt werden. In Japan wurden im Mai 2005 die ersten Richtlinien für die Bemessung und das Bauen mit SHCC (oder ECC) veröffentlicht [16]. Dies ist sicher ein wesentlicher Grund dafür, dass bis heute in Japan die meisten Beispiele für eine Anwendung von SHCC in der Praxis zu finden sind.

Sinnvolle Anwendungsmöglichkeiten eines neuen Werkstoffes findet man am ehesten dann, wenn man versucht, die charakteristischen und evident besseren Eigenschaften in einem Bauteil oder bei einer Bauweise zu verwenden. Dabei kann man grundsätzlich zwei Richtungen unterscheiden. Entweder man nützt die interessanten mechanischen Eigenschaften aus oder man konzentriert sich auf die gesteigerte Beständigkeit.

Ein Beispiel, wie die Lebensdauer eines Stahlbetontragwerkes durch die Verwendung von vorgefertigten Bauteilen aus SHCC deutlich verlängert werden kann, ist die Verwendung von verlorenen Schalungen aus SHCC. Die Randzone des Betons ist viel poröser als der Kernbeton und in den meisten Fällen durch Rissbildung geschwächt. Sie soll aber den Stahl vor Korrosion schützen. Eine verlorene Schalung, in der auch unter der kombinierten Einwirkung von mechanischen und klimatischen Lasten nur Mikrorisse entstehen, ist also prinzipiell eine interessante Anwendung. In Japan gibt es inzwischen mehr als 20 Brücken, die mit diesem Verfahren gebaut wurden. Ein zusätzlicher Vorteil ist übrigens die kürzere Bauzeit. In Abb. 8 ist ein Beispiel gezeigt. Die Bauteile, die als verlorene Schalung dienen, werden übrigens auch in gewölbter Form vorgefertigt und eingebaut [17].

Das Verlegen von Natursteinplatten im Mörtelbett ist insbesondere in Regionen mit großen Temperaturschwankungen im Freien problematisch. Derzeit laufen Versuche, die Tauglichkeit von SHCC als Mörtel für Natursteinplatten in alpinem Klima zu prüfen.

Eine bekannte Schwachstelle im Brückenbau sind die Übergänge. Jetzt ist es im Prinzip möglich, die durch Schwinden, Temperaturunterschiede und mechanische Belastung aufgezwungenen Verformungen in einem Verbindungselement (bridge link element) aus SHCC aufzunehmen [18]. Damit entfallen die Fugen. Viktor Li und Mitarbeiter haben dies zunächst theoretisch nachgewiesen und inzwischen sind die ersten Elemente in Autobahnbrücken im Staat Michigan eingebaut. Ihre Tauglichkeit als kontinuierliches Verbindungselement wird laufend überprüft.

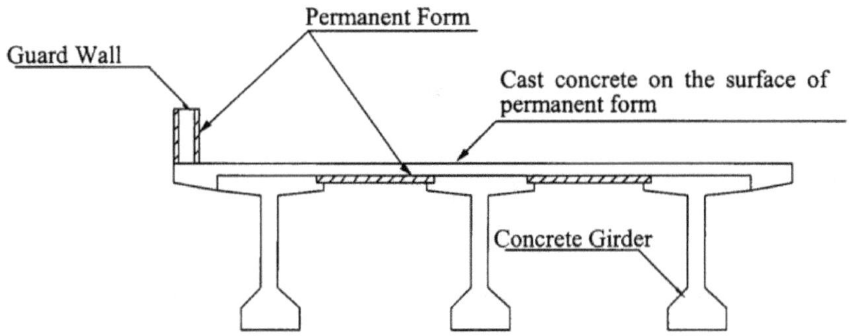

Abb. 8 *Beispiel für die Verwendung vorgefertigter Bauteile aus SHCC im Brückenbau als verlorene Schalung*
Figure 8 *An example showing the application of prefabricated SHCC elements in bridge construction as permanent form work*

Eine interessante Anwendung, bei der die extreme Duktilität des neuen Werkstoffes ausgenützt wird, ist die Hangstabilisierung durch Spritzbeton mit SHCC. Auch dafür gibt es inzwischen in Japan viel versprechende Beispiele [18]. SHCC kann auch entweder als Spritzbeton oder in Form von vorgefertigten Elementen für das Auskleiden einer Tunnelröhre eingesetzt werden. In diesem Fall ist oft nachzuweisen, dass der verwendete SHCC auch sulfatbeständig ist.

Hier wurden einige Anwendungsmöglichkeiten für SHCC skizziert. Auf zwei Beispiele soll im Folgenden noch etwas näher eingegangen werden.

3.2 Betoninstandsetzung

Oft genug müssen bewehrte Stahlbetonbauteile entweder ganzflächig oder stellenweise instand gesetzt werden, wenn die Stahlbewehrung zu rosten beginnt. Es ist nicht einfach, mit konventionellen Werkstoffen eine dauerhafte Behebung des Schadens zu erreichen. Die Erfahrung zeigt, dass oft nach einiger Zeit Risse auftreten oder dass sich die Schicht am Rand ablöst und es muss erneut instand gesetzt werden. Wegen seiner extremen Duktilität kann SHCC auch in diesem Fall die aufgezwungenen Verformungen durch differentielles Schwinden zwischen Altbeton und Reparaturmörtel, durch thermische Gradienten und durch mechanische Belastung ohne Rissbildung aufnehmen [20]. Ein entsprechender Mörtel aus SHCC wurde hergestellt und in einem vergleichenden Test mit einem konventionellen Reparaturmörtel getestet [21]. Die instand gesetzten Stellen wurden drei Jahre lang überwacht. Es stellte sich heraus, dass im SHCC lediglich einige Mikrorisse entstanden sind, während der konventionelle Reparaturmörtel zahlreiche zum Teil weit klaffende Risse aufwies.

3.3 Reparatur einer Flugpiste

Bei der Reparatur einer Flughafenpiste stellt sich oft ein ganz besonderes Problem. Viele Flughäfen können nämlich aus verkehrstechnischen Gründen die zu reparierende Piste nur stundenweise sperren. Am Flughafen Zürich beispielsweise beträgt das Zeitfenster, das für eine Instandsetzung zur Verfügung steht, gerade einmal 6 Stunden pro Nacht. Ein häufiger Schaden ist das Abbrechen der Ecken der Betonplatten der Pisten nach dem Aufschüsseln durch Schwinden. In diesem Beispiel hat SHCC im Vergleich zu konventionell bewehrtem Beton mindestens zwei entscheidende Vorteile. Einmal kann SHCC die Lasten an den Ecken der Platten ohne Rissbildung aufnehmen. Erneute Schäden werden also vermieden. Dadurch entfallen in Zukunft viele Reparaturmaßnahmen. Der zweite Vorteil liegt in der kürzeren Bauzeit. Für die Bodenplatten aus SHCC muss nämlich keine Stahlbewehrung verlegt werden. Ein SHCC, der mit einem speziell entwickelten Schnellzement hergestellt wird, wird seit einiger Zeit am Flughafen Zürich erfolgreich eingesetzt [22]. Diese Maßnahme wurde durch entsprechende Vorversuche und durch numerische Studien sorgfältig vorbereitet. Somit ist dies ein gelungenes und viel versprechendes Beispiel für eine anwendungsorientierte Entwicklung von Werkstoffen des Bauwesens (material design).

4 Folgerungen

Es wurde gezeigt, dass SHCC ein neuer viel versprechender Werkstoff des Bauwesens ist. Durch seine extreme Duktilität bietet SHCC die Möglichkeit, dauerhaftere Bauteile und Tragwerke her zu stellen. Eine Praxis nahe Bemessungsgrundlage muss noch formuliert werden, um eine weitere Verbreitung zu beschleunigen. Es deutet sich aber bereits jetzt an, dass das Potential des neuen Werkstoffes nur voll ausgenützt wird, wenn wie im Falle der Reparatur der Piste des Flughafens Zürich Ziel orientiert der Werkstoff optimiert wird. Der Begriff „Material Design" erhält in diesem Zusammenhang eine grundlegend neue Bedeutung. Es ist abzusehen, dass in naher Zukunft mit SHCC Probleme gelöst werden, die bisher als unlösbar galten.

5 Danksagung

Für die Unterstützung dieser Arbeiten sei der Deutschen Forschungsgemeinschaft und der Fa. Kuraray gedankt.

6 Literaturverzeichnis

[1] American Society of Civil Engineers, 2005 Report Card for America's Infrastructure (2005), www.asce.org/reportcard/2005/page.cfm?id=103

[2] Wittmann, F. H., Duktilität versus Festigkeit, Beitrag zur Festschrift Prof. Dr. Peter Schießl, Centrum Baustoffe und Materialprüfung (CBM), TU München, Schriftenreihe Baustoffe, Heft 2, 263-266 (2003)

[3] Wittmann, F. H., Durability of Strain Hardening Cement-based Conmposites (SHCC), erscheint demnächst in Proceedings Int. Workshop on HPFRCC, Honolulu (2005)

[4] Li, V. C. and Leung, C. K. Y., Steady state and multiple cracking of short random fiber composites, ASCE J. of Engineering Mechanics, **118** (No. 11), 2246-2264 (1992)

[5] Li, V. C., Engineered Cementitious Composites-Tailored Composites through Micromechanical Modelling, in Fiber Reinforced Concrete: Present and Future, N. Bantur, and A. Mufti, eds., Canadian Society for Civil Engineering, Montreal, pp. 64-97 (1998)

[6] Weimann, M. B. and Li, V. C., Hygral behaviour of engineered cementitious composites (ECC), Restoration of Buildings and Monuments **9**, 513-534 (2003)

[7] Wang, K., Jansen, D. C., Shah, S., and Karr A. F., Permeability study of cracked concrete, Cement and Concrete Research **27**, 381-391 (1997)

[8] Takewaka, K., Yamaguchi, T., and Maeda, S., Simulation model for deterioration of concrete structures due to chloride attack, J. of Adv. Concr. Techn. **1**, (No.2), 139-146 (2003)

[9] Lepech, M., Weimann, M., and Li, V. C., Permeability of ECC in strain hardening state, (to be published) 2005

[10] Hillerborg, A., Modéer, M., and Peterson, P. E., Analysis of crack formation and crack growth in concrete by means of fracture mechanics and finite elements, Cem. Concr. Res. **6**, 773-781 (1976)

[11] Wang, X., Wittmann, F. H., and Zhao T., Comparative study of test methods to determine fracture energy of strain hardening cement-based composites (SHCC), erscheint demnächst in: Int. J. Restoration of Buildings and Monuments, **12** (2006)

[12] Villmann, B., Villmann, Th., and Slowik V., Determination of softening curves by backward analysis of experiments and optimisation using an evolutionary algorithm, in Fracture Mechanics of Concrete Structures, Proc. FRAMCOS-5, Lim V. C., Leung C. K. Y., Willam K. J., and Billington S. L., editors, pp. 439-445 (2004)

[13] Zhao, T., Mao, X., Furtwängler K., and Wittmann F. H., Engineered cement-based composites (ECC) – New ultra ductile materials for more durable construction and repair, Int. J. Restoration of Buildings and Monuments **11**, 183-188 (2005)

[14] Wittmann, F. H., Shrinkage and shrinkage cracking of high performance fibre reinforced cement-based composites, Proc. CONCREEP-7 (to be published) 2005

[15] Martinola, G., Sadouki, H., and Wittmann, F. H., Numerical model for minimizing the risk of damage in a repair system, Journ. of Materials in Civil Eng. (ASCE) **13**, 121-129 (2001)

[16] JSCE TC 334: Tentative guideline for design and construction of engineering cementitious composites – ECC (Draft), May 22, 2005

[17] Yamada, K., Saijo, R., Furumura, T., and Tanaka S., Application of extrusion molded DFRCC to permanent form, Proceedings Workshop HFFRCC, Honolulu, to be published 2005

[18] Li, V. C., Fischer, G., Kim, Y. Y., Lepech, M., Qian, S., Weimann, M., Wang. S., Durable link slabs for jointless bridge decks based on strain-hardening cementitious compoasites, Report for Michigan Department of Transportation RC-1438, Nov. 2003

[19] Horikoshi, T., Ogawa, A., Saito, T., and Hoshiro, H., Properties of polyvinylalcohol fiber as reinforcing materials for cementitious composites, Proceedings Workshop HFFRCC, Honolulu, to be published 2005

[20] Li, V. C., and Lepech, M., Crack resistant concrete material for transportation construction, TRB 83rd Annual meeting, Washington, D. C., Beiträge zusammen gestellt auf einer CD ROM, Beitrag 04-4680, 2004

[21] Lepech, M., Li, V. C., Durability and long term performance of engineered cementitious composites, Proceedings Workshop HFFRCC, Honolulu, to be published 2005

[22] Martinola, G., Bäuml, M., and Sommain D., Proceedings Workshop HFFRCC, Honolulu, to be published 2005.

Engineered Cementitious Composites: Werkstoffentwicklung, Leistungsfähigkeit und Anwendungen

Engineered Cementitious Composites: Design, Performance and Applications

Victor C. Li, Michael Lepech

Synopsis

Dieser Beitrag gibt einen kurzen Überblick über den noch jungen Konstruktionswerkstoff Engineered Cementitious Composites (ECC). Der Schwerpunkt liegt auf dem aktuellen Wissen über die Dauerhaftigkeit, Sicherheit und Nachhaltigkeit bewehrter ECC-Konstruktionen (R/ECC), wohl wissend, dass der Beton der Zukunft diese Anforderungen erfüllen muss. Typische Anwendungen dieser Werkstofftechnologie werden aufgezeigt. Angesichts der noch jungen großmaßstäblichen Praxisanwendung von ECC werden auch die begrenzten Erkenntnisse bezüglich des Langzeitverhaltens von ECC zusammengefasst.

This paper gives a brief overview of Engineered Cementitious Composites (ECC) as an emerging construction material. Emphasis is placed on the accumulated knowledge on durability, safety, and sustainability of reinforced ECC (R/ECC) structures, recognizing that the concrete of the future must meet these characteristics. A number of current applications of this material technology are highlighted. In light of these recent full-scale field applications of ECC, the limited studies on long-term performance of ECC are also summarized.

Prof. Dr. Victor C. Li, Department of Civil and Environmental Engineering, University of Michigan, Ann Arbor, Michigan, USA

Michael Lepech, MSc, Department of Civil and Environmental Engineering, University of Michigan, Ann Arbor, Michigan, USA

1 Introduction: the future of concrete

Along with water, concrete is one of the most heavily used substances on earth per capita. Annually, more than one ton of concrete is cast for construction worldwide for each person. This serves testament that in many regards, concrete is an exceptional construction material. The wide availability of material components and steel reinforcing bars, the capability for forming into countless architectural forms, the relatively low construction cost, and its comparatively easy construction methods have made it the primary choice of builders for centuries. In the future however, the mechanical properties and functional characteristics of concrete will have to be drastically improved to meet ever increasing demands. The most essential advancements must address three major challenges:

Brittle failure under severe loading: Concrete structures worldwide are subjected to severe natural loadings such as earthquakes which affect many, irrespective of national or political boundaries. In many cases, serious damage has occurred to buildings, roadways and bridges. While not completely attributable to damage of concrete structures, the estimated economic impact of natural disasters is enormous: $100 billion [1] for the 1995 Kobe earthquake in Japan and $20 billion [2] for the 1994 Northridge earthquake in the United States. The US Federal Emergency Management Agency [2] estimates losses from a future earthquake in the US to approach $200 billion. Ultimately, failure in many of these cases can often be traced to brittle fracture of concrete, e.g. bond splitting, cover spalling, and core crushing resulting in subsequent collapse of bridge piers or columns in soft first stories in buildings.

Sadly, severe loading is not limited to natural events, but also extends to deliberate acts of terrorism. The World Trade Center bombing in New York City in 1993, the Alfred P. Murrah Federal Building bombing in Oklahoma City in 1996, and the terrorist attack on the World Trade Center in 2001 are examples of terrorist acts on building structures. Commonly observed failure modes such cracking, spalling, and fragmentation under impact or blast loading have also been correlated with the inadequate tensile behavior of concrete [3].

Deterioration under normal service loading: Deteriorating infrastructure is a looming threat to economic prosperity worldwide. Most recently, the American Society of Civil Engineers issued a "Report Card" for American infrastructure [4]. The averaged grade assigned was D, with a total estimated investment need of US$1.6 trillion over the next five years for repair and retrofit. The corresponding cost has been placed at US$2 trillion dollars for Asia's infrastructure. In Europe, Japan, Korea, Thailand and the US, the annual cost for repair has or will soon exceed that for new construction. Although long-term deterioration is not as dramatic as sudden collapse, the sheer magnitude of this problem in terms of economic cost dwarfs those associated with failure due to severe loading.

At the root of these problems is the poor durability of concrete construction. As a brittle material, concrete cracks under load thereby allowing water and corrosives into the material and accelerating destruction. Many concrete modifications increase durability, such as air entrainment, sulfate resistant cements, or minimum reinforcement, but few solutions target the inherent brittleness of concrete. To solve this serious problem confronting concrete construction worldwide, a fundamental solution which reduces the brittle nature of concrete is needed.

Lack of sustainability of reinforced concrete (R/C) structures: Recently, the sustainability of R/C structures has come into question. Globally, the huge flow of material driven by concrete production results in significant societal, economic, and environmental impacts both today and far into the future. The production of one ton of cement, for example, requires 1.7 tons of raw materials and generates 1 ton of carbon dioxide (CO_2). Cement production accounts for 5% of all global anthropogenic CO_2 emissions [5] and significant levels of SO_2, NO_x, particulate matter and other airborne pollutants [6, 7].

Developing countries currently undergoing rapid development require unprecedented infrastructure expansion; however the intense negative interaction between the built and natural environment is increasingly a worldwide concern. China currently has the world's second longest expressway system and accounts for 35% of global cement consumption [8].

Chinese cement production is dependent on coal for energy, contributing 6% - 8% of the Chinese CO_2 emissions and 40% of particulate emissions [9, 10]. Future infrastructure design and management will also be influenced by large scale forces such as the Kyoto Protocol, economic globalization, and a rapidly growing urban global population. The lack of infrastructure durability as highlighted above only worsens the situation as repeated repairs of R/C infrastructure are decidedly unsustainable.

These three challenges suggest that future concrete must have the following characteristics:

- Increased ductility – with the ability to "yield" like a metal when overloaded, even under severe load or large imposed deformation, thus providing increased infrastructure safety
- Increased durability – with the ability to withstand combined mechanical and environmental loads under normal service conditions, thus providing extended service life over current concrete structures
- Increased sustainability – minimize resource use and pollution emission, throughout the full life cycle (material production, construction and use, end of life demolition) of a structure, thus ensuring harmonious interaction between the built and the natural environment far into our future.

2 Engineered cementitious composites (ECC)

A new class of tensile strain hardening materials, called Engineered Cementitious Composites (ECC), addresses each of these needs presented above. This ultra-ductile cementitious composite exhibits a metallic-like ductility [11], excellent performance in durability testing, and ever increasing opportunities for improved sustainability. This material meets nearly every characteristic sought by engineers for the next generation of cement-based construction materials.

ECC is a fiber reinforced cement based composite material [12, 13, 14] systematically engineered to achieve high ductility under tensile and shear loading. By employing micromechanics-based material design [12-15], maximum ductility in excess of 3% under uniaxial tensile loading can be attained with only 2% fiber content by volume. This moderate amount of short discontinuous fibers allows flexibility in construction execution, including self-consolidation casting [16] and shotcreting [17]. Structural products have also been manufactured by extrusion of ECC [18]. Recent research indicates that ECC holds promise in enhancing the safety, durability, and sustainability of concrete structures.

The composition of ECC is similar to many other FRCs, such that it is a mixture of cement, sand, water, fibers, and a small amount of commercial admixtures. Typical mix proportions for ECC using a poly-vinyl-alcohol fiber are shown in Table 1. Coarse aggregates are not used due to their adverse effect on performance. These large aggregates are found to dominate the micromechanical properties of the composite leading to poor fiber dispersion and lower overall performance. While most HPFRCCs rely on a high fiber volume to achieve high performance, ECC uses low amounts, typically 2% by volume, of short, discontinuous fiber. This low fiber volume, along with the common components, allows for conventional mixing in a gravity mixer or conventional mixing truck. Many HPFRCCs with fiber fractions exceeding 5% cannot conform to conventional mixing practices.

While the components of ECC appear similar to FRC, the distinctive ECC characteristic of strain hardening through microcracking is achieved through micromechanical tailoring of the components (i.e. cement, sand, and fibers), along with controlled interfacial properties between components. Fracture properties of the cementitious matrix are controlled through mix proportions. Fiber properties, such as strength, modulus of elasticity, and aspect ratio have been customized for use in ECC. The interfacial properties between fiber and matrix have also been for use in this material. A unique PVA fiber has been developed with the manufacturer for optimal performance within ECC materials to meet specific micromechanical performance requirements [14].

Tabelle 1 *Mischungszusammensetzung von ECC (M45)*
Table 1 *Mix proportions for ECC (M45)*

Material	Proportion
Cement	1.0
Sand	0.8
Fly Ash	1.2
Water	0.54
HRWR	0.013
Fiber (vol)	0.02

HRWR: High Range Water Reducer

Figure 1 shows a typical uniaxial tensile stress-strain curve of ECC containing 2% polyvinyl-alcohol fiber. The characteristic strain-hardening after first cracking is accompanied by formation of multiple micro-cracks which eventually saturate the material. The crack width development during inelastic straining is also shown. Even at ultimate load (5% strain), the crack width remains at a maximum of 60 µm, and even lower at strains below 1%. Unique to ECC material, this tight crack width is self-controlled and, regardless of use in combination with conventional reinforcement, it is a material characteristic independent of steel rebar reinforcement ratio. In contrast, normal concrete and fiber reinforced concrete rely on increasingly large amounts of steel reinforcement for effective crack width control. This is possible through the formation of steady-state "flat cracks" in ECC which exhibit a constant width independent of crack length, in contrast to Griffith-type cracks present in most R/C and FRC materials which widen as the crack length grows. This tight crack width of ECC is as essential to the serviceability limit state of ECC structures as the tensile ductility is to the structural safety at ultimate limit state.

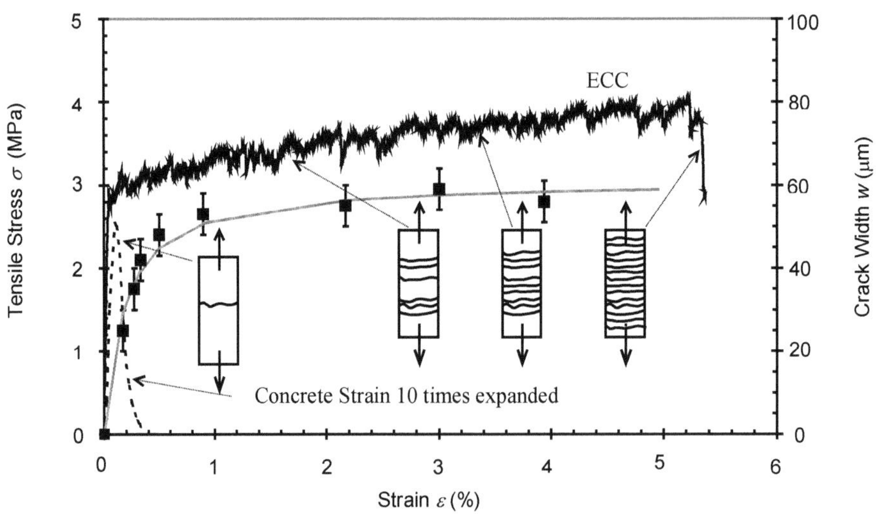

Abb. 1 *Typische Spannungs-Dehnungskurve und zugehörige Rissweiten von ECC*
Figure 1 *Typical tensile stress-strain curve and crack width development of ECC*

3 Increased ductility

A major driver of next generation infrastructure resistant to seismic loading is performance-based earthquake engineering. Its implementation (e.g. PEER [19]) eases the adoption of new high performance materials such as ECC. In addition to collapse resistance, Billington [20] in reviewing this subject suggested that the use of ECC could lead to highly damage tolerant structures with limited residual crack widths such that post-earthquake repair costs could be minimized.

A large amount of experimental data on damage tolerant behavior of steel reinforced ECC (R/ECC) structures is available. Structural elements tested under fully reversed cyclic loading include beams [21, 22], columns [23], beam-column connections [24], infill walls [18, 25], frames [26], bridge piers [27], coupling beams [28] and damping elements [29], amongst others. These studies, which used ECC or adapted versions of ECC, demonstrate a superior seismic resistant response as well as minimum post-earthquake repair needs. Specifically, R/ECC exhibits a ductile shear response, high-energy absorption behavior, stable hysteretic loops even at large drifts, and structural integrity. These characteristics are exhibited in Fig. 2, which clearly demonstrates the high damage tolerance of the cyclically loaded flexural elements [30]. The test results also illustrate the potential reduction or elimination of steel shear reinforcement by taking advantage of the shear ductility of ECC. The favorable characteristics of R/ECC are a direct result of the tensile ductility of ECC, which promotes compatible deformation between ECC and the reinforcement even up to steel yielding [31]. The tensile ductility in ECC also translates into shear ductility since the material undergoes diagonal tensile multiple cracking when subjected to shear [32].

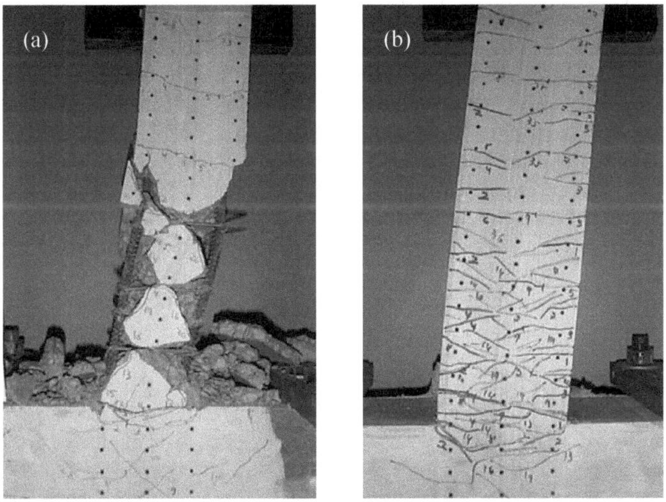

Abb. 2 *Bruchbild von a) bewehrtem Beton und b) bewehrtem ECC bei einer 10%-igen Verschiebung nach einer zyklischen Belastung*

Figure 2 *Damage behavior of (a) R/C and (b) R/ECC without stirrups, shown at 10% drift after reverse cyclic loading*

Steel-concrete interaction zones have also proven to be a shortfall of the low ductility of concrete materials. These interaction zones, such as the embedment of steel anchors, composite shear connectors, or hybrid steel-concrete building frames consistently demonstrate conventional concrete's lack of ductility which often results in costly failures under extreme loads. Significant delay or elimination of fracture localization can be achieved via the extensive inelastic straining offered by ECC, thus resulting in a much improved structural response in terms of load capacity and structural ductility [33]. Due to this inelastic capacity, current design equations offered in concrete structural design codes have been found to significantly underestimate load capacities when ECC is used in place of concrete in steel-concrete interaction zones.

Fragmentation resistance of ECC under impact load has also been confirmed experimentally. For example, Maalej et al [34] demonstrated experimentally that ECC panels subjected to high velocity projectiles showed increased shatter resistance with damage reduction due to scabbing and spalling, as well as high energy absorption associated with distributed microcracking. Further, the ductility of ECC under seismic loading rates can be retained, if properly designed. Versions of ECC have been engineered to exhibit a tensile strain capacity over 3.5% under earthquake loads [35].

4 Durability

4.1 Structural durability through material ductility

The most important consideration for concrete durability is its resistance to cracking, and after cracking its ability to continue protecting reinforcement from corrosion. Deterioration often begins with cracks forming due to thermal movements, restrained drying shrinkage, or autogenous shrinkage [36, 37]. These cracks are exacerbated by fatigue loading due to moving traffic [38, 39]. While sound, uncracked concrete cover is nearly impermeable and adequately protects reinforcement from surface exposure and corrosives such as deicing salts, cracking is inevitable due to mechanical overloads, environmental loads, or a combination of the two. Compromise of the transport properties of cracked cover concrete allows the penetration of chlorides and other aggressive agents through the cover to the depth of the steel reinforcement. Subsequent corrosion in the rebar may create expansive forces that eventually lead to spalling of the brittle concrete cover.

Historically, concrete codes have given specific consideration to the distribution of reinforcement for minimizing cracking. The 1995 edition of the American Concrete Institute Building Code [40] recommends a maximum crack width of 400 μm and 330 μm for interior and exterior exposure conditions, respectively. Within the code, crack width is directly computed as a function of the stress in the rebar, the cover thickness, and the effective tension area of the concrete. A similar expression and limit is also suggested by the US bridge design code [41].

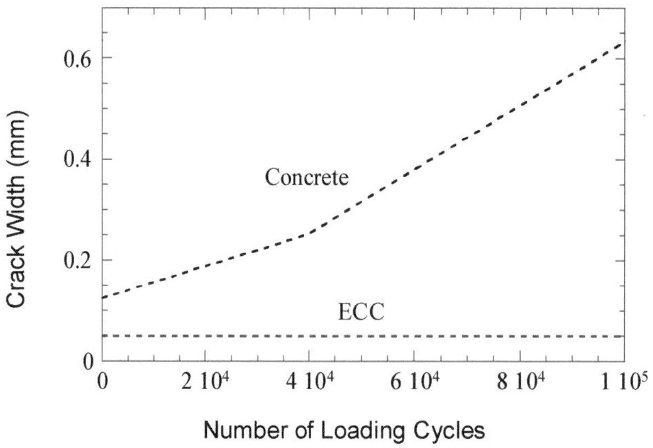

Abb. 3 *Rissbreitenentwicklung in einem Prüfkörper unter zyklischer Beanspruchung*
Figure 3 *Crack width evolution of link slab specimens during fatigue loading test*

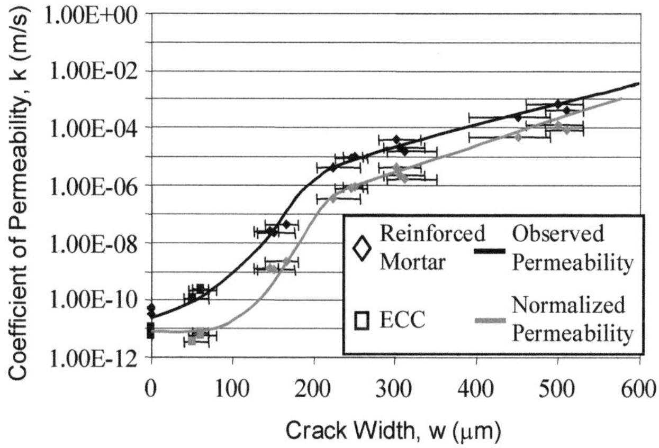

Abb. 4 *Permeabilitätskoeffizient als Funktion der Rissbreite von Prüfkörpern aus ECC und bewehrtem Mörtel nach jeweils 1,5%-iger Dehnung (Zug); die grauen Symbole sind auf die Anzahl der Risse bezogenen Daten*

Figure 4 *Coefficient of permeability versus crack width for ECC and reinforced mortar series pre-strained to 1.5% in uniaxial tension; grey symbols indicate data normalized by number of cracks*

These considerations indicate the essential dilemma responsible for problems of low concrete durability. First, the low tensile strain capacity of concrete (0.01%) makes it readily susceptible to cracking, resulting in crack widths that must be controlled by steel reinforcement. However, even when these considerations are taken, crack widths on the order of millimeters are still common [42]. This requirement for additional crack control reinforcement leads to an increased likelihood for steel corrosion due to penetration of aggressive agents through the cracks and ultimately concrete cover spalling resulting from oxidizing reinforcing steel. Using these root causes of low durability as a guide, the need becomes apparent for high tensile strain capacity to prevent large cracks, inherently tight crack widths which delay corrosion, and high material ductility to prevent spalling.

Recent experiments provide supporting evidence that the characteristics of ECC can intervene in the deterioration process described above. Under restrained drying shrinkage, ECC shows cracks of width limited to about 30 μm [43]. Particularly noteworthy is that this crack width is independent of the dimensions of the structure [44], which is not the case in normal concrete. Furthermore, fatigue loading does not appear to increase the crack widths. Figure 3 shows the crack width development of a concrete and an ECC bending member [45] under fatigue loading. After 100,000 cycles, the crack width in the reference concrete increases to over 0.6 mm, while the crack width in the ECC member remains close to 50 μm.

The transport properties of the concrete cover determine the time needed for the penetration of aggressive agents to reach the steel reinforcements. Transport mechanisms include permeation, diffusion and capillary suction. It is known that the permeability of cracked concrete scales with the third power of crack width [e.g. 46], and that a crack with width below 100 μm (50 μm for gas permeability) tends to behave like sound concrete [47]. Lepech and Li [48] found that cracked ECC exhibits nearly the same permeability as sound concrete, even when strained in tension to several percent (Figure 4). Within that study, both ECC and reinforced mortar specimens were stretched in tension to identical deformation, 1.5% deformation in this case, resulting in a variety of crack widths and number of cracks among the various specimens. The permeability of these cracked materials was then determined under hydraulic head. As seen, there is a dramatic rise in permeability with increasing crack width. Further, when normalized by number of cracks within the specimen, the comparable permeability of cracked ECC with sound material becomes more apparent. The ability of cracked ECC to demonstrate autogenous healing is also promising. These results suggest that due to the self-controlled crack widths, significant strides in durability can be made by replacing concrete with ECC.

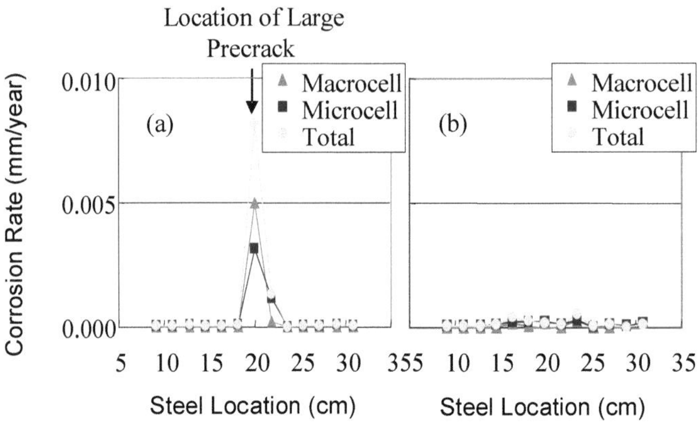

Abb. 5 *Korrosionsraten in Mikro- und Makrozellen von a) bewehrtem Beton und b) bewehrtem ECC entlang eines Bewehrungsstahls (nach [49])*
Figure 5 *Microcell and macrocell corrosion rate measured for (a) R/C, and (b) R/ECC along the reinforcement bar length (adapted from [49]).*

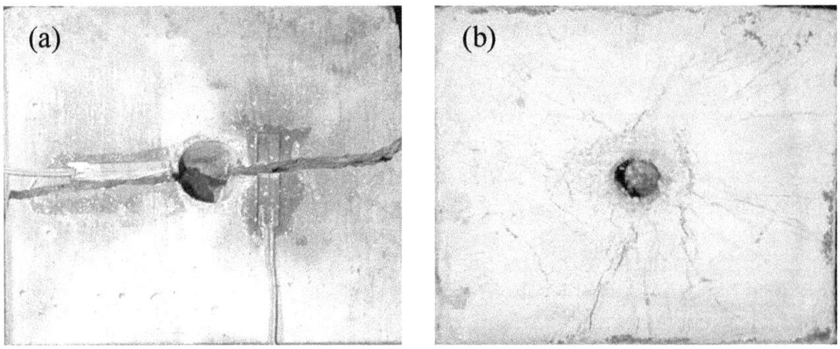

Abb. 6 *Versagensarten von a) Beton und b) ECC*
Figure 6 *Failure modes of (a) concrete, and (b) ECC*

As mentioned previously, cracks within reinforced concrete are typically the source of corrosion due to the increased transport of water and corrosives through these cracks. Due to the large number of microcracks within ECC in comparison to concrete, the rate of corrosion of reinforcing steel within an ECC matrix has been investigated and compared to an R/C system. Preloaded R/ECC and R/C beams exposed to chloride accelerated environment [49] revealed diffusion governed chloride penetration depth of 0-20 mm and 80-100 mm in the R/ECC and the R/C beams respectively. The total (macro and micro cell) corrosion rate was measured to be less than 0.0004 mm/year but exceeded 0.008 mm/year in the steel reinforcement in the R/ECC and R/C beams respectively (Fig. 5). Capillary transport may also be a concern for ECC given that the crack width is so small. A recent study [50], however, has shown that capillary suction in ECC could be controlled by application of a hydrophobic agent.

Spall resistance of ECC was investigated [49, 51] by pushing a tapered steel rod into a hole in an ECC slab in order to simulate the expansive force generated by a corroding rebar. The test results showed that ECC accommodated the expansion by a "plastic yielding" process involving radial microcracks, while concrete fractured under the expansive force. Figure 6 shows the signature differences in failure modes of ECC and concrete slabs after testing.

Much higher force (30 kN) was sustained by the ECC slab compared to the load capacity of the concrete slab (~7 kN).

From the above discussion it is clear that the major stages of infrastructure deterioration, including restrained shrinkage cracking, crack width widening under fatigue, compromise in transport properties in cover concrete, rapid penetration of aggressive agents through the cover reaching the reinforcement, and steel corrosion and cover spalling, can each be alleviated or even eliminated when concrete is replaced by ECC. Through deliberate design of tensile and cracking behavior, ECC offers tensile ductility and tight crack width control which should result in higher infrastructure durability.

4.2 Material durability testing

Aside from designing for low crack width and adequate ductility, durable structures require protection against common problems such as freeze thaw, fatigue, and harsh environmental exposure. Various researchers have investigated the durability performance of ECC in these regards. This research further supports the use of ECC as a durable construction material in a wide range of environmental conditions.

Freeze Thaw Exposure

One of the most damaging environmental conditions to concrete is cyclic freezing and thawing. To combat the effects of freeze thaw cycles, many concrete codes stipulate both a minimum entrained air content and maximum water to cement ratio. By adhering to these recommendations, along with proper placement and curing, very durable concrete can be cast. However, concrete durability remains very sensitive to the amount of air entrainment and the curing conditions. Therefore, if this sensitivity can be overcome through an ECC material solution, the ultimate result will be overall improved structural durability.

Freeze thaw testing, in accordance with ASTM C666A was comprised of companion series of ECC and normal concrete specimens (both without air entrainment). In addition to typical dynamic modulus testing of prism specimens outlined in C666A, a series of ECC tensile specimens were also subjected to freeze thaw exposure. These tests evaluated the effect of freeze thaw conditions upon composite strain capacity. Results from these tensile specimens were compared to tensile coupons of identical age cured in water at 22°C.

Testing of ECC and concrete prisms was conducted concurrently over 14 weeks [52]. After 5 weeks (110 cycles), the concrete specimens had severely deteriorated, requiring removal from the test. However, all ECC specimens survived 300 cycles with no degradation of dynamic modulus. This performance results in a durability factor of 10 for concrete compared to 100 for ECC, as computed according to ASTM C666. Recall that this high durability was achieved without deliberate air entrainment into the ECC. In uniaxial tension tests performed on wet cured and freeze thaw exposed ECC coupons, no significant drop in strain capacity is experienced after 300 cycles. Both sets of specimens exhibited a strain capacity of roughly 3%, well above the capacity needed by most applications.

Accelerated Weather Testing

In contrast to freeze thaw tests discussed earlier, which are designed to simulate temperature changes in winter conditions, hot water immersion tests were conducted to simulate the long term effects of hot and humid environments. To examine the effects of environmental exposure, hot water immersion was performed on individual fibers, single fibers embedded in ECC matrix, and composite ECC material specimens [53]. Specimens for both individual fiber pullout and composite ECC material were cured for 28 days at room temperature prior to immersion in hot water at 60°C for up to 26 weeks. This accelerated weather condition is equivalent to more than 70 years of natural weathering.

After 26 weeks in hot water immersion, little change was seen in fiber properties such as fiber strength, fiber elastic modulus, and elongation. Interfacial properties, however, experienced significant changes, particularly between 13 and 26 weeks of immersion. During this time, the chemical bonding between fiber and matrix strengthened, while the apparent strength of the fiber dropped. These two phenomena caused fibers within the ECC matrix to delaminate and break during loading after 26 weeks of immersion, rather than pull-out intact, as seen in specimens immersed 13 weeks or less. This change in interfacial properties resulted in a drop of ultimate strain capacity, as predicted from the ECC micromechanical design model. The strain capacity of the ECC dropped from 4.5% at early age to 2.75% after 26 weeks of hot water immersion. While accelerated hot weather testing does result in lower strain capacity of ECC, the 2.75% strain capacity, over 250 times that of normal concrete, seen after 26 weeks remains acceptable for nearly any repair/retrofit application.

Fatigue

ECC was investigated in high fatigue scenarios, such as highway repairs. Both ECC/concrete and concrete/concrete overlay specimens were tested in flexural fatigue [54]. In overlay applications, reflective cracking through the new layer is of concern. This cracking reduces load capacity and may result in flexural fatigue. Additionally, these cracks transport corrosives to the reinforcing and result in spalling. Tests show that the load capacity of ECC/concrete specimens was double that of concrete/concrete specimens, the deformability of ECC/concrete specimens was significantly higher, and the fatigue life was extended by several orders of magnitude. Further, the microcracking deformation mechanism of ECC eliminates reflective cracking. The fatigue resistance of ECC has also been found to be improved over polymer cement mortar [55]. In many applications, particularly concrete infrastructure, fatigue failure can significantly shorten service-life. The exceptional fatigue performance of ECC proves it a preferable material for fatigue-prone structures.

Wear Testing and Abrasion

For roadway surface repairs, ECC must provide an adequate surface for driving and breaking, while withstanding traffic abrasion. Surface friction and wear track testing was conducted in conjunction with the Michigan Department of Transportation (MDOT) to evaluate ECC capability to withstand wheel abrasion and provide sufficient braking friction. A set of four ECC roadway surfaces were cast corresponding to various types of surface texturing. One specimen was tined with a tining rake; another was cured under a textured cloth to simulate curing under burlap; a third was textured with Astroturf® to roughen the surface, a practice common in Michigan; and a final specimen was topped with coarse sand on the surface. Due to the fibers, tining or dragging items across the surface proved difficult, resulting in removal of the top layer of fresh material, effectively ruining the finished surface. However, with a number of trials, adequate texturing was achieved.

Specimens were cured for 28 days and subjected to both static friction testing and wear track testing according to Michigan Test Method 111 [56]. Initial friction forces between vehicle tires operating at 65kph and the textured ECC specimens were determined using an MDOT static friction tester (Figure 7). All static friction tests were conducted on a wet pavement surface. Following initial friction testing, ECC specimens were subjected to 4 million tire passes to simulate long term wear. After wearing, friction forces were again determined to assess deterioration or surface polishing during wearing. These final friction forces are called the Aggregate Wear Index (AWI). AWI values for the textured ECC samples tested range from 1.6kN to 2.3kN. The established minimum AWI for Michigan trunkline road surfaces is 1.2kN, significantly lower than all ECC surfaces tested, making it suitable for roadway surface repairs subject to heavy traffic volumes.

Abb. 7 *Statische Rollreibungsprüfung*
Figure 7 *Driving surface static friction tester*

Long term strain capacity

For a construction material to be considered truly durable, its mechanical properties must remain constant over time. To validate ECC long term effectiveness, a series of tensile tests were performed to determine long term strain capacity. Due to the delicate balance of cement matrix, fiber, and matrix/fiber interface properties, the strain capacity of ECC changes during maturing. This is exhibited in a plot of ECC strain capacity versus age (Figure 8). At roughly 10 days aging, peak strain capacity is achieved due to an optimal balance of matrix, fiber, and matrix/fiber interface properties. As hydration continues, the high matrix toughness leads to a reduced composite ductility. Maturity of matrix and fiber/matrix properties eventually results in an ECC long term strain capacity of 3%, far above the deformation demand imposed by many applications, but significantly less than the 5% capacity seen at early age. While long term tests have only been carried out to 180 days, the long term strain capacity is expected to remain at approximately 3%.

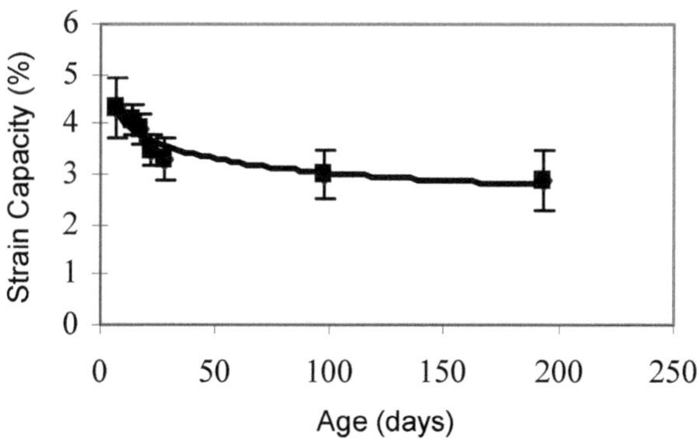

Abb. 8 *Bruchdehnung von ECC in Abhängigkeit vom Alter*
Figure 8 *Long Term Strain Capacity of ECC*

5 Sustainability

Concrete sustainability accounts for both the greenness of the construction material as well as the economic, social and environmental costs associated with the various stages of the life cycle of the structure. Current studies of green construction materials seldom consider the life-cycle costs. When life-cycle costs are considered, typically only the economic dimension and only the agency costs are accounted for, leaving out important user costs and externality considerations.

The development of green ECC [57,58] for sustainable infrastructure requires a more complete life cycle framework integrating the three dimensions of social, environmental and economic considerations. Such a model [59,60] is being constructed at the University of Michigan, based on an interdisciplinary approach drawing from civil and materials engineering, environmental economics, industrial ecology, public health, and geological sciences.

This model begins with the development of green versions of ECC which incorporate numerous industrial waste materials. A large number of substitutions have been considered which include fly ash, cement kiln dust, blast furnace slag, green foundry sand, waste water sludge, and post-consumer carpet fibers. These waste substitutes are then screened for compatibility within the micromechanical framework used to develop ECC materials. Following preliminary screening, successful substitutes are incorporated into a green ECC design and further micromechanical tailoring is performed to guarantee the new material exhibits fresh properties and mechanical performance suitable for ECC field applications (i.e. high flowability, high tensile ductility, etc.). Throughout this design process, the “greenness” of the new material is evaluated through the use of a material sustainability index which quantifies the impacts of material substitutions on environmental sustainability indicators. This material sustainability index allows for a rational, comprehensive tool for tailoring materials for minimum environmental impact.

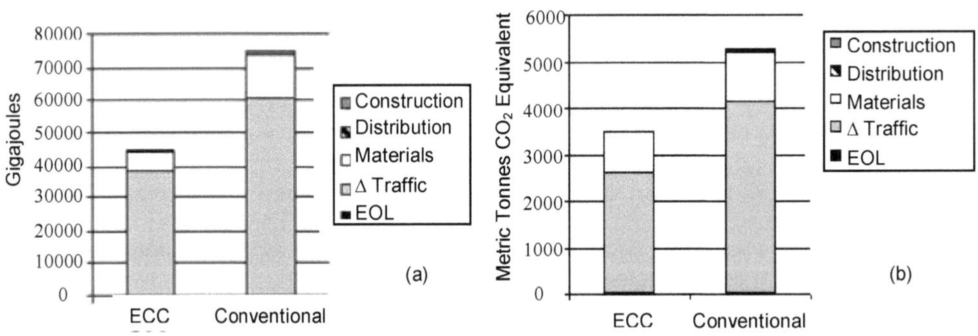

Abb. 9 *a) Gesamtprimärenergieverbrauch und b) globales Erwärmungspotential für zwei Entwürfe von Brückendecken [57]*

Figure 9 *(a) Total primary energy consumption, and (b) global warming potential, by life cycle stages for two designs of bridge decks [57]*

After designing a number of green ECC versions in this fashion, a newly developed integrated life cycle assessment and cost model was applied to two alternative R/C bridge deck designs: one with conventional mechanical expansion joints, and the other with ECC link slabs. This model allows for investigation of the complete life cycle impact of ECC implementation upon environmental, social, and economic factors. Life cycle energy, greenhouse gas emissions, agency costs for construction and rehabilitation, and social costs including construction-related user delay costs and environmental pollutant damage costs are quantified for each system over a 60-year bridge service life. Results show that the ECC link slab system has a 37% economic cost advantage over the conventional system, consumes

40% less total primary energy, and produces 39% less carbon dioxide. Figure 9 shows the model outputs on primary energy consumption and global warming potential for the two bridge deck designs, for different stages of their life cycles. These results show the dominance of the use phase on the total life cycle cost and burden. In addition, while the cost of ECC is assumed to be about three times that of normal concrete on a per unit weight basis, the life cycle material cost is lower due to the smaller amount of material needed when repair frequency decreases.

The above findings which quantitatively establish the advantage of deploying ECC infrastructure rest on a yet to be substantiated assumption – that the ECC link-slab design has a service life twice as long as the conventional one. However, given the known information on the durability of R/ECC as summarized in the previous section of this paper and the available long term performance data described in the following, this assumption on service life appears reasonable. Further research along these lines is needed.

6 Applications

6.1 Application of ECC technology in Japan

The full scale use of ECC materials has been underway in Japan for the last decade, with increasingly ambitious applications being constructed each year. A summary of field applications can be found in [61]. Field applications include composite steel/ECC deck for a cable-stayed bridge in Hokkaido, Japan, repair of the Mitaka Dam in the Hiroshima-Prefecture in 2003 [62]. Figure 10 shows the newly constructed Mihara Bridge [63]. This cable-stayed bridge, expected to open to traffic in April, 2005, has a thin composite ECC/steel deck. The tensile ductility and tight crack width control of ECC are features that contribute to a 40% reduction in weight and an expected service life of 100 years. A significant reduction in cost was also reported.

Abb. 10 *Mihara-Brücke (Hokkaido, Japan) mit Stahl/ECC-Verbunddecke (T. Kanda)*
Figure 10 *The Mihara bridge (Hokkaido, Japan) uses a steel/ECC composite deck (courtesy, T. Kanda).*

Another application [64] involves the use of ECC for repair of a concrete gravity earth-retaining wall (18m in width and 5 m in height) that has been damaged by alkali-silica reaction (ASR) cracking. The decision to use ECC for the 50-70 mm thick repair was based on the need to prevent reflective cracking from the substrate concrete to the repair layer, anticipated had normal concrete been used in this repair [65]. Since repair in April, 2003, this wall has been continuously monitored. Ten months after the repair, the microcrack width in the ECC repair layer remained below 50 µm, while the maximum crack width in the premix cement mortar used as a control was 0.2mm.

As mentioned previously [28], one possible application of ECC material is coupling beams used in concrete construction. Due to the high energy absorption capacity of ECC material, the application of this material in coupling beams which connect adjacent shear walls is very advantageous in high seismic areas. The recent development of precast ECC elements in Japan which can be easily integrated into current construction practices allows a simple inroad for development and implementation of this material in large scale applications. Currently two high-rise buildings in Tokyo, Japan have been built integrating ECC coupling beams. A 27 story (95m) residential building using ECC elements is shown in Figure 11.

Abb. 11 *Hochhaus in Tokio, Japan mit Anschlussträgern aus ECC*
Figure 11 *27 story high-rise in Tokyo, Japan integrating ECC coupling beams*

6.2 Applications of ECC in the United States

As one of the first field applications of ECC in US, a concrete bridge deck patch was completed in cooperation with the Michigan Department of Transportation (MDOT) in October 2002. A complete summary of this work has been outlined by Li and Lepech [65]. During this work, one section of a deteriorated bridge deck was repaired with ECC while the remaining portion was repaired with a commercial concrete patching material commonly used by MDOT (Figure 12). This repair scenario allowed for a unique ECC/concrete comparison subjected to identical environmental and traffic loads. The concrete repair material used was a prepackaged mixture of Portland cement and plaster of paris. At this writing, the repaired bridge deck has experienced three complete Michigan winter cycles of freezing and thawing, in addition to live loads.

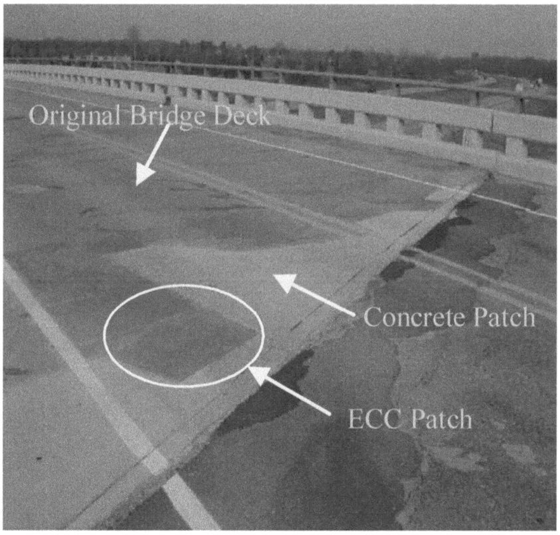

Abb. 12 *Instandsetzung einer Brückendecke in Michigan*
Figure 12 *ECC patch repair on Michigan bridge deck*

Short term and long term performance of both the ECC and adjacent concrete patch have been recorded through site visits. Initial visits conducted 2 days after patching showed no visible ECC cracking, while a clearly visible crack, approximately 300µm wide, had appeared within the concrete, most likely due to shrinkage deformation. After 4 months of winter exposure, a number of small microcracks, each roughly 50µm wide, had formed within the ECC, while the concrete crack observed shortly after casting had widened to 2mm and was surrounded by deteriorated and spalling concrete. Most recently, observations made 30 months after patching revealed a maximum ECC crack width of 50µm, while sections of the concrete patch were severely deteriorating. The development of crack width over time in both ECC and concrete is shown in Figure 13. From this unique comparison of adjacent patch sites subjected to identical loading, ECC was shown to be superior to concrete immediately after casting, and improving over time, establishing ECC as a durable material for construction.

In addition to bridge deck patching repairs, a serious concern facing bridge owners in the US is the maintenance and repair of bridge expansion joints. While necessary to accommodate thermal deformations, these joints often fall into disrepair and eventually leak. This leaking is frequently the cause of damage to the superstructure, allowing water and other corrosives to penetrate below the deck and corrode the bridge beams. To construct a continuous joint-free bridge deck surface without reconstruction of the entire bridge, an excellent alternative is a bridge deck link slab [66]. This slab forms a connector between two adjacent simple bridge spans, creating a continuous deck to prevent leaking, while absorbing the thermal deformations of the spans which are typically accommodated by an expansion joint (Figure 14). This technology has been demonstrated in a number of states, including Michigan, using ordinary concrete link slabs. These slabs use heavy reinforcing ratios to limit crack widths in the slab while undergoing tensile strains imposed by shortening adjacent bridge spans during cold winter months. However, these link slabs form a very stiff link between adjacent simple spans, significantly changing moment distributions within the spans, and creating loading patterns outside of the intended simple span design, making the design procedure complex and difficult. Furthermore, effective crack control within these concrete link slabs is difficult.

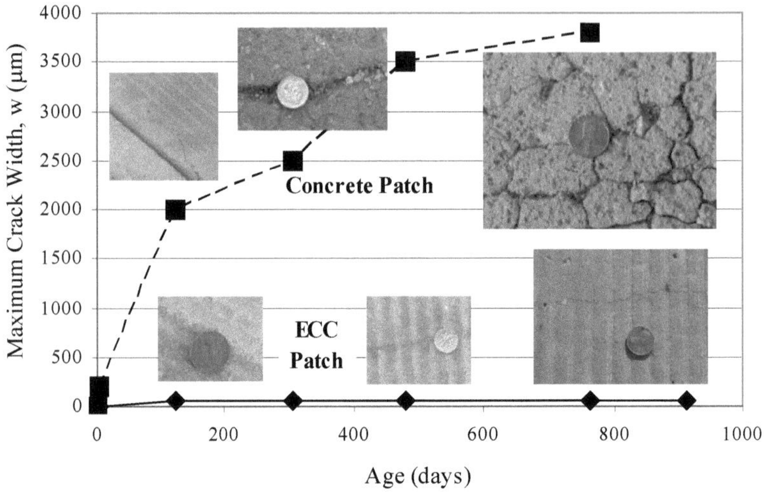

Abb. 13 *Vergleich von Rissweiten in Beton und ECC nach der Instandsetzung einer Brückendecke*

Figure 13 *Comparison of ECC and concrete crack widths in bridge deck patch repair application*

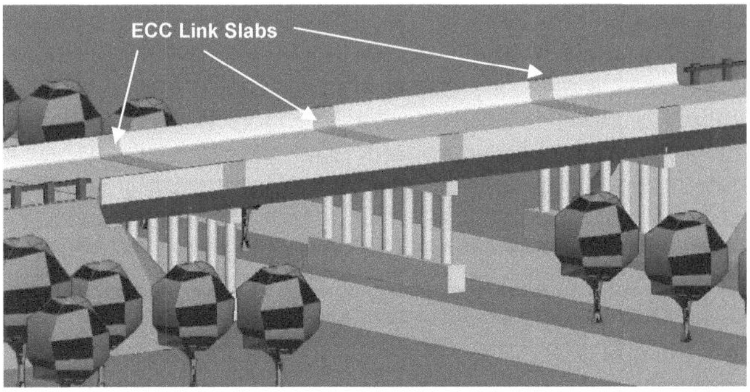

Abb. 14 *Entwurfsansicht einer Mehrfeldbrücke mit ECC-Verbindungsplatten anstelle konventioneller Dehnungsfugen*

Figure 14 *Conceptual view of a multi-span bridge with ECC link slabs replacing conventional expansion joints*

Many of the difficulties resulting from ordinary concrete link slabs are eliminated by using ECC for link slabs [67, 52]. ECC is ideal for accommodating the types of large tensile strain deformations associated with link slab technology. Furthermore, due to the inherent steady-state crack width of ECC discussed earlier, the decoupling of crack width to reinforcement ratio allows ECC link slabs to use low reinforcement ratios, if any steel reinforcement at all, resulting in a very flexible link slab. This flexibility is desirable in comparison to concrete link slabs, since it allows the link slab to act as a hinge between adjacent simple spans, minimally changing the original design moment distributions. This results in a much simpler design methodology along with better crack width control.

A demonstration project, in cooperation with the Michigan Department of Transportation, is scheduled for construction during August 2005. This ECC link slab will measure 5.5m X 20.25m. Construction will comprise 25.5m^3 of ECC, delivered on-site in standard ready-mix concrete trucks from a nearby batching plant. With an average daily traffic load of 10,000 vehicles per day, this will be the first large scale application of ECC material in North America.

Abb. 15 *Fahrbarer Betonmischer*
Figure 15 *Conventional concrete mixing truck*

In preparation for this project, a number of large scale trial mixes of ECC material in conventional concrete mixing trucks has been carried out (Figure 15). These large scale mixes verify that large scale mixing of ECC material is possible and can result in a material which is both high performing and commercially viable. Using a pre-determined batching sequence, the overall mixing of the material can proceed quite smoothly and result in a fresh material which is homogeneous, flowable, and rheologically stable (Figure 16). Further, the ECC material can maintain these fresh properties up to the one hour time limit for transportation to the worksite. The largest trial batch mixed thus far ($3m^3$) clearly demonstrated that the material can be prepared at a conventional concrete batching facility, transported a considerable distance (40km), and still maintain its characteristically unique fresh properties.

Abb. 16 *Entladung von ECC aus einem fahrbaren Betonmischer in die Schalung*
Figure 16 *Discharge of flowable ECC from mixing truck into formwork*

Testing of the hardened mechanical properties of large scale trial materials has shown that the compressive strength gain of these materials is on par with that of laboratory mixes, and continues to meet all requirements set forth by the upcoming project. While tensile performance does exhibit a slight reduction from that typically seen in laboratory-grade ECC material, the tensile mechanical performance thus far also continues to meet all requirements set forth by the upcoming project. Further, ECC material has been shown able to be cast on a 2% cross-slope, simulating the crown of a typical bridge deck. While the final finishing of this material may pose new challenges to bridge contractors, conversations with an experienced contractor have made certain that the finishers should be able to finish this material with minimal difficulty.

6.3 Material cost

The cost of new technologies in comparison to existing materials is of major importance to any designer, contractor, department of transportation, or infrastructure owner. With a relatively low cost, ordinary Portland cement concrete is one of easiest and most cost effective materials for use in construction worldwide. However, as discussed earlier, this material has significant shortfalls, causing it to require more maintenance at higher lifetime costs. High strength concretes, which are generally thought to have increased durability over normal concrete, or typical steel fiber reinforced concrete may cost up to double the cost of standard concretes. The current cost of PVA-ECC material is approximately three times the cost of conventional concrete. For the bridge deck patch application discussed earlier, the cost of the department of transportation repair material is roughly five times that of concrete. While the cost of ECC may seem high in comparison to normal concrete, it is far less than many polymer concretes commonly used in repair applications, or certain high strength FRC materials, which may cost US\$2000/m^3 - US\$5000/m^3. With judicious incorporation of industrial waste material as mentioned previously, lower cost and greener ECC materials are also a likely possibility in the future. In addition, it has been demonstrated that lower initial construction costs may result from the use of ECC material through smaller member dimensions, reduced or eliminated steel reinforcement, and speedier construction techniques associated with the its unique fresh and hardened characteristics.

7 Conclusion

What type of concrete is needed for next generation concrete structures that are safe, durable, and sustainable? Will structures be damage tolerant under severe earthquake loads or blast loading? Is concrete service life of more than 150 years attainable, with minimum maintenance? Will the concrete of tomorrow be sustainable and be built in harmony with the natural environment? It may be difficult to meet these challenges with current brittle concrete, regardless of the compressive strength. Materials like ECC, with ultra ductility and tight crack width control, however, show characteristics that may meet the demands of next generation construction. A large amount of research remains to be conducted to fill the knowledge gaps of this relatively new construction material. However, ECC has already emerged from the laboratory into full-scale field applications. These applications will provide useful feedback into the re-design of ECC to meet specialized requirements for different applications. The micromechanics based materials engineering of ECC will aid substantially in further tailoring of this material, as is already happening in green ECC design for sustainability and in lightweight ECC [68] for applications where dead-load needs to be minimized. The recent applications also generate extremely important structural design knowledge. The activities of technical committees working towards code language, such as RILEM TC-HFC, will further aid in the realization of next generation infrastructure by adopting materials like ECC.

8 Acknowledgements

Part of this research was funded by an US NSF MUSES Biocomplexity Program Grant (CMS-0223971 & CMS-0329416). MUSES (Materials Use: Science, Engineering, & Society) supports projects that study the reduction of adverse human impact on the interactive system of resource use, design and synthesis of new materials with environmentally benign impacts on biocomplex systems, as well as maximization of efficient use of materials throughout their life cycles. The authors would also like to thank Mr. Roger Till, P.E. and Mr. Ken Tiffany, P.E. of the Michigan Department of Transportation, along with Mr. John Codere of Brighton Block and Concrete for their continuing support and consultation throughout the ECC demonstration projects. The authors would also like to thank Dr. Martin Weimann for his thoughtful translations.

9 References

[1] Reinforced Concrete Committee: "Damage Investigation Report on Concrete Buildings, the 1995 Hyogo-ken Nanbu Earthquake" (in Japanese), Kinki Branch, Architectural Inst. of Japan, 1966.

[2] FEMA, http://www.fema.gov/hazards/earthquakes/quake.shtm, accessed, March 14, 2005.

[3] Malvar, L. J., Ross, C.A.: "Review of strain rate effects for concrete in tension," *ACI Materials Journal* 95(6): 735-739, 1998.

[4] ASCE:. US Infrastructure Report Card, 2005. http://www.asce.org/reportcard/2005/index.cfm.

[5] Worrell, E., L. Price, N. Martin, C. Hendriks & L. Ozawa Meida: "Carbon dioxide emissions from the global cement industry." *Ann. Rev. of Energy and Environment.* 26: 303-329, 2001.

[6] WBCSD: "Toward a Sustainable Cement Industry." Draft report for World Business Council on Sustainable Development. Battelle Memorial Institute, 2002.

[7] US EPA: "Sources of dioxin-like compounds in the US. Draft exposure and human health reassessment of 2,3,7,8-tetrachlorodibenzo-p-dioxin (TCDD) and related compounds", 2000.

[8] Zhao, J.: "Sustainable Road Infrastructure Materials and Systems in China: Opportunities and Challenges."(draft) University of Michigan, Ann Arbor, MI, 2005.

[9] Worrell, E., L. Price, N. Martin, C. Hendricks, L. Ozawa Meida: Carbon Dioxide Emissions from the Global Cement Industry. *Annual Reviews of Energy and the Environment.* 26:303-329, 2001.

[10] WBCSD: Toward a Sustainable Cement Industry. Draft report for the World Business Council on Sustainable Development. Battelle Memorial Institute. 2002. http://www.wbcsd.org/DocRoot/C4uPdlLJR3lJn8COlq3w/batelle-full.pdf

[11] Li, V.C.: "From Micromechanics to Structural Engineering – The Design of Cementitious Composites for Civil Engineering Application", *JSCE J. of Structural Mech. and Earthquake Eng.*, 10(2). pp. 37-48, 1993.

[12] Li, V.C.: "ECC – tailored composites through micromechanical modeling." *Fiber Reinforced Concrete: Present and the Future* edited by Banthia et al, CSCE, Montreal, 64-97, 1998.

[13] Li, V.C.: "On Engineered Cementitious Composites (ECC) – A review of the material and its applications." *J. Advanced Concrete Technology*, 1(3): 215-230, 2003.

[14] Li, V.C., Wang, S., Wu, C.: "Tensile strain-hardening behavior of PVA-ECC," ACI Materials J., 98 (6) 483-492, 2001.

[15] Lin, Z., Kanda, T. and Li, V.C.:. "On interface property characterization and performance of fiber reinforced cementitious composites," *J. Concrete Science and Engineering, RILEM,* 1, 173-184, 1999.

[16] Kong, H.-J., Bike, S., Li, V.C.: "Development of a self-compacting ECC employing electrosteric dispersion/stabilization," *J. Cement and Concrete Composites*, 25(3): 301-309, 2003.

[17] Kim, Y.Y., Kong H.J., and Li, V.C.: "Design of Engineered Cementitious Composite (ECC) suitable for wet-mix shotcreting," *ACI Materials J.,* 100(6):511-518, 2003.

[18] Stang, H. and Li, V.C.: "Extrusion of ECC-Material", in Proc., HPFRCC 3, Ed. H. Reinhardt and A. Naaman, Chapman & Hull, pp. 203-212, 1999.

[19] PEER: Year 5 Annual Report, Richmond, CA: Pacific Earthquake Engineering Research Center, 2003.

[20] Billington, S.L.:. "Damage-tolerant cement-based materials for performance based earthquake engineering design: research needs," in Fracture Mechanics of Concrete Structures, Ed. V. Li et al, la-FraMCos, 53-60, 2004.

[21] Fukuyama, H., Matsuzaki, Y., Nakano, K., & Sato, Y.: "Structural performance of beam elements with PVA-ECC," *Proc. HPFRCC 3*, Ed. Reinhardt & Naaman, C&H, 531-542, 1999.

[22] Kanda, T., Watanabe S. & Li, V.C.: "Application of pseudo strain hardening cementitious composites to shear resistant structural elements", in *Proc.* FRAMCOS-3, AEDIFICATIO, 1477-1490, 1998.

[23] Fischer, G., Fukuyama, H. and Li, V.C.: "Effect of matrix ductility on the performance of reinforced ECC column members under reversed cyclic loading conditions," in *Proc., DFRCC Int'l Workshop*, Takayama, Japan, 269-278, 2002.

[24] Parra-Montesinos, G., and Wight, J. K.: "Seismic response of exterior RC column-to-steel beam connections," *ASCE Journal of Structural Engineering*, 126 (10): 1113-1121, 2000.

[25] Kesner, K. E., & Billington, S. L.: "Investigation of Infill Panels Made from ECC for Seismic Strengthening and Retrofit," *ASCE J. Structural Engineering*, accepted, 2004.

[26] Fischer, G., Li, V.C.: "Intrinsic response control of moment resisting frames utilizing advanced composite materials & structural elements," *ACI Structures J.* 100(2): 166-176, 2003.

[27] Billington, S.L., Yoon, J.K.: "Cyclic response of precast bridge columns with ductile fiber-reinforced concrete," ASCE J. Bridge Engineering, 9(4): 353-363, 2004.

[28] Canbolat, B.A., Parra-Montesinos, G.J., Wight, J.K.: "Experimental study on the seismic behavior of high-performance fiber reinforced cement composite coupling beams, *ACI Structural J.*, in press, 2005.

[29] Fukuyama, H., Suwada, H., Ilseung, Y.: "HPFRCC damper for structural control," in *Proceedings, DFRCC Int'l Workshop*, Takayama, Japan, 219-228, 2002.

[30] Fischer, G., Li, V.C.: "Effect of matrix ductility on deformation behavior of steel reinforced ECC flexural members under reversed cyclic loading conditions," *ACI Structures J.*, 99(6): 781-790, 2002.

[31] Fischer, G., Li, V.C.: "Influence of matrix ductility on the tension-stiffening behavior of steel reinforced ECC," *ACI Structures J.*, 99(1): 104-111, 2002.

[32] Li, V.C., Mishra, D.K., Naaman, A.E., Wight, J.K., LaFave, J.M., Wu H.C., Inada, Y.: "On the shear behavior of ECC," *J. of Advanced Cement Based Materials*, 1(3): 142-149, 1994.

[33] Qian, S., Li, V. C.: "Elevating Material Ductility to Structural Performance of Steel Anchoring to ECC", Proceedings of Int'l workshop on HPFRCC in structural applications, Honolulu, Hawaii, USA, May 23-26, 2005.

[34] Maalej, M., Zhang, J., Quek, S.T., Lee, S.C.: "High-Velocity Impact Resistance of Hybrid-Fiber ECC," in *Proc.s, FraMCoS 5,* Eds. V.C. Li et al, Vol.2, 1051-1058, 2004.

[35] Yang, E., Li, V. C.: "Rate Dependencies in Engineered Cementitious Composites", Proceedings of Int'l workshop on HPFRCC in structural applications, Honolulu, Hawaii, USA, May 23-26, 2005.

[36] Mehta, P.K., Burrows, R.W.: "Building durable infrastructures in the 21st century." *Concrete International*, 23(3): 57-63, 2001.

[37] Yunping Xi, Shing, B., Abu-Hejleh, N., Asiz, A., Suwito, A., Xie, Z., Ababneh, A.: "Assessment of the cracking problem in newly constructed bridge decks in Colorado", Report No. CDOT-DTD-R-2003-3, Submitted to Colorado DOT, March, 2003.

[38] Matsui, S.: "Technology developments for bridge decks - innovations on durability and construction - (in Japanese)." *Kyouryou To Kiso*(8): 84-92, 1997.

[39] Perdikaris, P. C., Beim, S.: "RC Bridge Decks under Pulsating and Moving Load." *J. of Structural Engineering*, 114(3): 591-607, 1988.

[40] American Concrete Institute, *Building Code Requirements for Structural Concrete (ACI 318-95) and Commentary (ACI 318R-95)*, American Concrete Institute. Farmington Hills, MI. 1995.

[41] American Association of State Highway and Transportation Officials "AASHTO LFRD Bridge Design Specifications: Second Edition." *AASHTO.* Washington, D.C., pp. 5-41, USA 1998.

[42] Yunping Xi, Shing, B., Abu-Hejleh, N., Asiz, A., Suwito, A., Xie, Z., Ababneh, A.: "Assessment of the cracking problem in newly constructed bridge decks in Colorado", Report No. CDOT-DTD-R-2003-3, Submitted to Colorado DOT, March, 2003.

[43] Weimann, M., Li, V. C.: "Drying shrinkage and crack width of ECC," in Proc., BMC-7, Warsaw, Poland, Eds. A.M. Brandt, V.C. Li, and I.H. Marshall, 37-46, 2003.

[44] Li, V.C., Stang. H.: "Elevating FRC material ductility to infrastructure durability," in Fiber-Reinforced Concretes, Proc, BEFIB 2004, Ed. M.di Prisco et al, 171-186, 2004.

[45] Kim, Y.Y., Fischer, G., Li, V.C.: "Performance of bridge deck link slabs designed with ductile ECC," *ACI Structural J.*, 101(6): 792-801, 2004.

[46] Tsukamoto, M.: "Tightness of Fiber Concrete," *Darmstadt Concrete*, 5, 215-225, 1990.

[47] Wang, K., Jansen, D, Shah, S., Karr, A.: "Permeability study of cracked concrete", *Cement and Concrete Research*, 27(3): 381-393, 1997.

[48] Lepech, M., Li, V.C.: "Water Permeability of Cracked Cementitious Composites", *Proceedings of Eleventh International Conference on Fracture*, Turin, Italy. March 20-25, 2005.

[49] Miyazato, S., Hiraishi, Y.: "Transport properties and steel corrosion in ductile fiber reinforced cement composites", Proc. ICF 11, Torino, Italy 2005.

[50] Martinola, G., Baeuml, M.F., Wittmann, F.H.: "Modified ECC by means of internal impregnation. *J. Advanced Concrete Technology*, 2(2): 207-212, 2004.

[51] Kanda, T., Saito T., Sakata, N.: "Tensile and anti-spalling properties of direct sprayed ECC," *J. of Advanced Concrete Technology*, 1(3): 269-282, 2003.

[52] Li, V.C., Fischer, G., Kim, Y.Y., Lepech, M., Qian, S., Weimann, M., Wang, S.: "Durable Link Slabs for Jointless Bridge Decks Based on Strain-Hardening Cementitious Composites", Report for Michigan Department of Transportation RC-1438, November 2003.

[53] Li, V.C., Horikoshi, T., Ogawa, A., Torigoe, S., Saito, T.: "Micromechanics-based Durability Study of Polyvinyl Alcohol-Engineered Cementitious Composite (PVA-ECC)," ACI Materials J., Vol. 101, No. 3, pp. 242-248, 2004.

[54] Zhang J., Li, V.C.: "Monotonic and Fatigue Performance in Bending of Fiber Reinforced Engineered Cementitious Composite in Overlay System ," *J. of Cement and Concrete Res.*, 32(3), pp. 415-423, 2002.

[55] Suthiwarapirak, P., Matsumoto, T., Kanda, T.: "Flexural Fatigue Failure Characteristics of an Engineered Cementitious Composite and Polymer Cement Mortars," J. Materials, Conc. Struc. Pavements, JSCE No. 718/V-57, pp. 121-134, November 2002.

[56] Michigan Department of Transportation "Michigan Test Method 111 - Determining an Aggregate Wear Index (AWI) By Wear Track Polishing Tests" Michigan Department of Transportation. Lansing, Michigan, 2001.

[57] Li, V.C., Lepech, M., Wang, S., Weimann, M., Keoleian, G.: "Development of green ECC for sustainable infrastructure systems." in Proc., Workshop on Sustainable Development and Concrete Technology, Beijing, China, Ed. K. Wang, Published by Iowa State Univ., 181-192, 2004.

[58] Lepech, M., Li, V.C., Keoleian, G.: "Sustainable infrastructure material design," Workshop on Life-Cycle Cost Analysis and Design of Civil Infrastructure Systems, Florida, US, 2005.
[59] Keoleian, G., Kendall, A., Chandler, R., Helfand, G., Lepech, M., Li, V. C.: "Life-cycle cost model for evaluating the sustainability of bridge decks," Workshop on Life-Cycle Cost Analysis and Design of Civil Infrastructure Systems, Florida, US, 2005.
[60] Keoleian, G.A., Kendall, A., Dettling, J.E., Smith, V.M., Chandler, R., Lepech, M.D., Li, V.C.: "Life cycle modeling of concrete bridge design: comparison of ECC link slabs and conventional steel expansion joints," in ASCE *J. Infrastructure Systems*, 51-60, 2005.
[61] Li, V.C.: "Strategies for High Performance Fiber Reinforced Cementitious Composites Development," Workshop on Advanced FRC, Bergamo, Italy, 2004.
[62] Kojima, Sakata, N., Kanda T., Hiraishi, M.: "Application of direct sprayed ECC for retrofitting dam structure surface-application for Mitaka-Dam," in JCI *Concrete J.*, 42(5), 2004.
[63] Construction of the Mihara Bridge, (in Japanese), http://nissei-kensetsu.co.jp/bihara.html.
[64] Rokugo, K., Kunieda M., Lim, S. C.: "Patching repair with ECC on cracked concrete surface," to appear in Proc. CONMAT 5, Aug., 2005.
[65] Li, V.C., Lepech, M.: "Crack Resistant Concrete Material for Transportation Construction," in *TRB 83rd Annual Meeting, Washington, D.C., Compendium of Papers CD ROM*, Paper 04-4680, 2004.
[66] Caner, A., Zia, P.: "Behavior and design of link slabs for jointless bridge decks", PCI Journal, May-June, pp. 68-80, 1998.
[67] Gilani, A.: "Link slabs for simply supported bridges: Incorporating Engineered Cementitious Composites", Report No. MDOT SPR-54181, 2001.
[68] Wang, S., Li, V.C.: "Materials design of lightweight PVA-ECC," in Proc., HPFRCC, Ann Arbor, MI, Eds. A.E. Naaman and H.W. Reinhardt, 379-390, 2003.

Zementgebundene Verbundwerkstoffe mit Dehnungsverfestigung und multipler Rissbildung – Bauliche Anwendungen in Japan

Applications of Strain Hardening Cementitious Composites with Multiple Cracks in Japan

Keitetsu Rokugo

Synopsis

Zementgebundene Verbundwerkstoffe mit Dehnungsverfestigung (engl. Strain hardening cementitious composites, SHCC) mit einer Bewehrung aus kurzen, feinen Kunststofffasern, zeigen unter einaxialer Zugbeanspruchung eine bemerkenswerte Duktilität und eine ausgezeichnete Leistungsfähigkeit. Im Gegensatz zu herkömmlichen zementgebundenen Werkstoffen weist SHCC eine multiple Rissbildung und ein Verfestigungsverhalten bei Zugbeanspruchung auf. SHCC wurden aufgrund ihrer ausgezeichneten mechanischen Eigenschaften im Brückenbau und für die Herstellung von Dämpfungselementen im Hochbau eingesetzt. Darüber hinaus wurden sie aufgrund ihrer Riss verteilenden Eigenschaften für die Instandsetzung der Betonoberflächen von Staudämmen, Bewässerungskanälen und Stützwänden verwendet. Die entsprechenden Anwendungen in Japan werden in diesem Aufsatz vorgestellt.

Strain hardening cementitious composites (SHCC), which contain cotton-like short fibers, show remarkably high ductility under uniaxial tensile stress and excellent performance distinguished from conventional cementitious materials by multiple cracking and strain hardening behaviors. SHCC has been applied to bridge decks and building dampers, making use of its excellent mechanical performance. It has also been used for surface repair of concrete dams, water channels, and retaining walls making use of its finely distributed cracking behavior. Examples of such applications in Japan are introduced in this paper.

Prof. Dr. Keitetsu Rokugo, Civil Engineering Department, Gifu University, Gifu, Japan

1 Introduction

Fiber-reinforced cementitious composites that show large tensile strain hardening behavior have been developed and applied to a number of structures. These respond to increasing tensile forces with finely dispersed cracks developing one after another (multiple fine-cracking behavior). These are mostly referred to as high performance fiber-reinforced cementitious composites (HPFRCC) or as strain hardening cementitious composites (SHCC), among which engineered cementitious composites (ECC) are known as the most important representative.

The Research Subcommittee for Evaluation and Utilization of Strain Hardening Cementitious Composites with Multiple Fine Cracks was organized under the Concrete Committee of the Japan Society of Civil Engineers (JSCE) in September 2004, and summarized them in a committee report [1] in July 2005. This paper introduces the structural use of SHCC based on the committee report.

2 Material characteristics

SHCC, which contains cotton-like short fibers, shows remarkably high ductility under uniaxial tensile stress and excellent performance distinguished from conventional cementitious materials by multiple cracking and strain hardening behavior. SHCC generally comprises a binder such as cement, fine aggregate, short fibers, an air-entraining and high-range water-reducing

Abb. 1 *Typisches Verhalten zementgebundener Verbundwerkstoffe mit Dehnungsverfestigung (engl. Strain hardening cementitious composites SHCC)*

Figure 1 *Typical strain hardening cementitious composites (SHCC)*

admixture, expansive admixture, thickener and water. To enhance its performance under tensile forces, a coarse aggregate is generally not included. Since this causes large shrinkage during hardening, SHCC usually contains an adequate amount of an expansive admixture. Measures are taken for SHCC to suppress the hydration heat, which would otherwise be significantly high in thick members due to its high cement content. PE (polyethylene) or PVA (polyvinylalchol) short fibers (Fig. 1) with a diameter of 0.01 to 0.040 mm and a length of around 10mm are used to a volume ratio of 1 to 2%. The water-binder ratio is mostly around 30% with PE and 50% with PVA, which bonds well with the matrix. An adequate amount of thickener is used to improve the fiber dispersion. Care should be exercised when producing SHCC with an increased viscosity, as large air bubbles tend to remain in it. SHCC is normally placed by casting or spraying (shotcreting). Spraying is more advantageous than casting, as fibers tend to be oriented in plane and few large air bubbles are entrapped. The compressive strength of SHCC ranges from 30 to 60MPa. Its tensile strength, flexural strength and elastic modulus are around 5 MPa, 5 to 10 MPa and 15 to 20 GPa, respectively. SHCC thin plates may stand large deformation as shown in Fig. 1 by flexure testing.

Figure 2 shows the behavior of materials under uniaxial tensile stress. The behavior in which both the tensile stress and tensile strain increase after initial cracking is referred to as strain hardening behavior. Multiple cracking behavior (increases in the number of cracks perpendicular to the direction of the tensile force) is observed in this process. When a large number of cracks are densely concentrated, the distribution of the material deformation is macroscopically regarded as uniform. Such strain hardening behavior results from an increase in the number of cracks and differs from the mechanism of strain hardening of metal materials, which occurs when metal becomes hard to slip after yielding. For this reason, strain hardening of SHCC is also referred to as pseudo strain hardening. The phenomenon in which the tensile stress decreases after the peak load is referred to as strain softening. In the process of strain softening, deformation is localized by the increases in the width of one crack.

3 Application examples

There is a good prospect in using SHCC for corrosion-inhibiting, waterproofing, steel-covering, energy-absorbing and cushioning materials making the most of its behavior characterized by multiple fine cracks under tensile forces, large deformation and high tensile ductility. To utilize

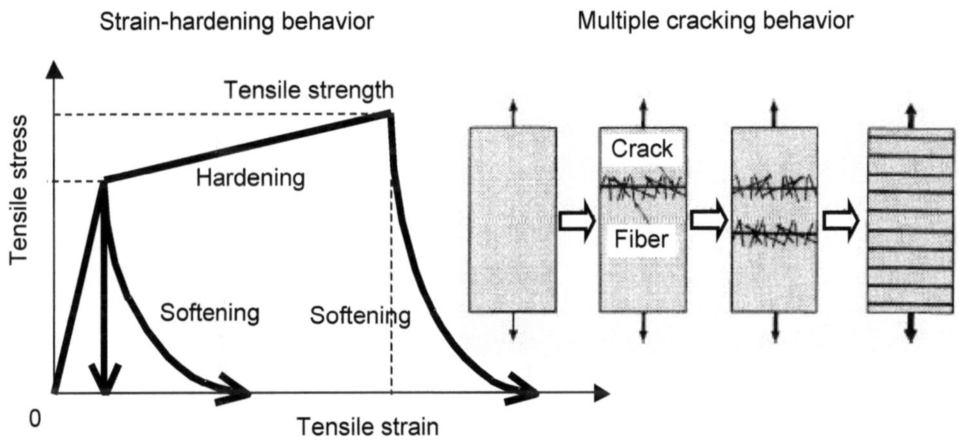

Abb. 2 *Dehnungsverfestigungsverhalten und multiple Rissbildung*
Figure 2 *Strain hardening and multiple cracking behaviour*

its performance, it is necessary to establish a system of evaluation items, evaluation criteria (thresholds) and evaluation test methods, as well as material constitutive laws and design/construction recommendations in view of its uses for structural purposes.

Recent applications of SHCC include the following:

- The application to bridge decks and building dampers makes use of its mechanical performance, whereas the use for surface repair takes advantage of its capability of fine crack dispersion.
- Composite bridge decks in expectation of SHCC's tensile force bearing with improved fatigue resistance.
- Dampers for reinforced concrete buildings in expectation of increases in the energy absorption and suppression of vibration during an earthquake.
- Surface repair for deteriorated concrete dams and irrigation channels in expectation of improvement in the waterproofing.
- Surface repair for retaining walls with large cracks induced by alkali-aggregate reaction in expectation of improvement in their aesthetic appearance.
- Surface coating of railway viaducts in expectation of carbonation retardation.

3.1 Bridge deck

Since SHCC can bear tensile forces, members made of SHCC in combination with steel plates provide higher flexural resistance with a thinner cross section than normal steel-concrete members.

Abb. 3 *Verbunddecke einer Brücke*
Figure 3 *Composite bridge decks*

Figure 3 shows the Mihara Ohashi Bridge in Hokkaido with a bridge length of 972m and central span of 340m. In 2004, half the depth of the asphalt overlay on the steel decking of this bridge was replaced with 40-mm thick SHCC to increase the load-bearing capacity and stiffness of the decks while reducing the stress generated, thereby improving the fatigue resistance of the steel deck with stiffeners. This became necessary because the requirements for fatigue resistance in the standard specifications were revised while the bridge was under construction. SHCC was adopted to meet the new requirements.

Plate-type dowels as shown in Fig. 3 were adopted to ensure the bond between SHCC and the steel deck. SHCC was mixed at a ready-mixed concrete plant, hauled to the job site in agitating trucks, and subjected to secondary mixing at the job site. Approximately $30m^3$ of SHCC were placed each day, with the amount of mixed SHCC totaling approximately $800m^3$. The state of placing is shown in Fig. 3.

3.2 Dampers for buildings

An SHCC member reinforced with steel bars is capable of absorbing a large amount of energy under alternate loading. As shown in Fig. 4, SHCC members were incorporated as dampers in reinforced concrete buildings in Tokyo and Yokohama in 2004 and 2005.

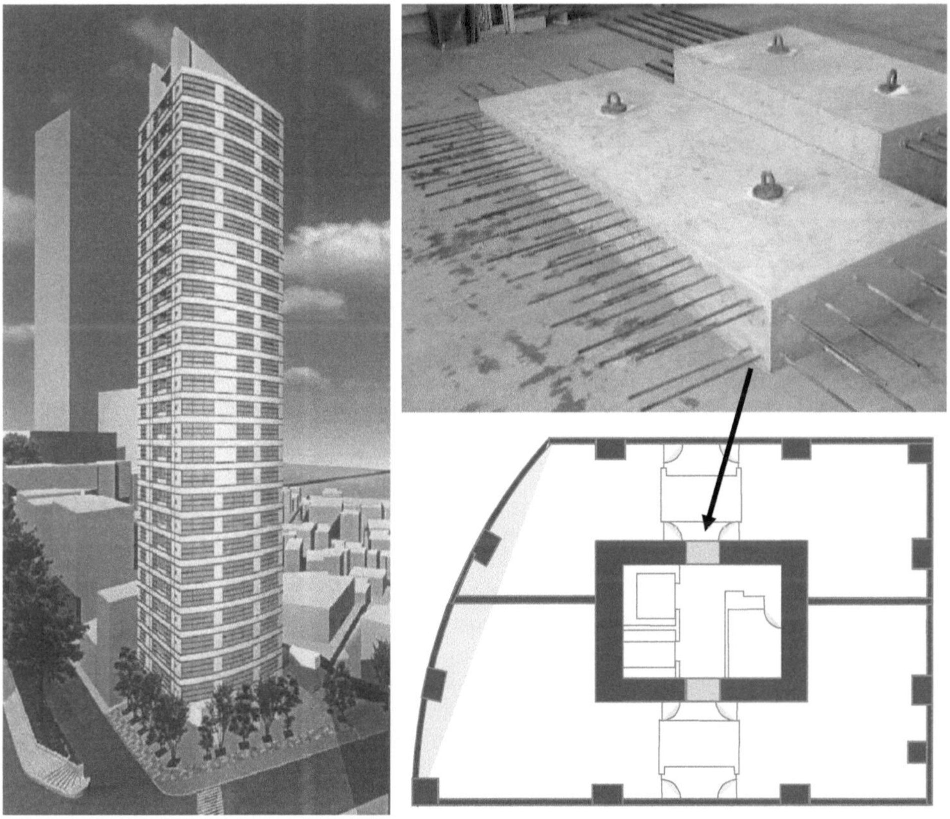

Abb. 4 *Dämpfungselemente für ein Stahlbetongebäude*
Figure 4 *Dampers for a reinforced concrete building*

3.3 Surface repair for dams

The cutoff performance of SHCC is excellent owing to its small crack widths, which minimize water permeation.

The dam height of Mitaka Dam, a gravity concrete dam in Hiroshima, was increased from approximately 33m to 44m by placing new concrete onto the existing dam body on the downstream side (Fig. 5). In 2003, 30m^3 of SHCC was sprayed onto an area of 500m^2 on the upstream side of the dam to a thickness of 30mm to improve the waterproofing performance of the deteriorated existing concrete surface. An anchor was driven for each 1.5m^2 to ensure the bond between the base concrete and SHCC.

Abb. 5 *Oberflächeninstandsetzung eines Betonstaudamms*
Figure 5 *Surface repair for a concrete dam*

3.4 Surface repair for irrigation channels

Many irrigation channels suffer deterioration, having been in service for several decades. Since resin-type lining materials pose problems such as their vulnerability to UV deterioration and vulnerability to delamination if applied to moist surfaces, SHCC is regarded as a promising cementitious substitute for such a lining material.

The Central Main Channel (side wall height: 1.1m, bottom slab width: 1.5m) in Shiga shown in Fig. 6 was so deteriorated that coarse aggregate was exposed on the surfaces and the edges were partially lost, with cracks approximately 1mm wide developing at approximately 1m intervals. At Seridanno Channel (Fig. 7) in Toyama (side wall height: 1.1m, masonry side wall height: approx. 2.4m, bottom slab width: approx. 2.0m), coarse aggregate was exposed on the surfaces and the bottom slabs partially spalled off. Part of filling mortar at the bottom of the masonry sidewall was also lost.

Abb. 6 *Oberflächeninstandsetzung eines Bewässerungskanals; Applikation im Spritzverfahren*

Figure 6 *Surface repair for a concrete irrigation channel (spray)*

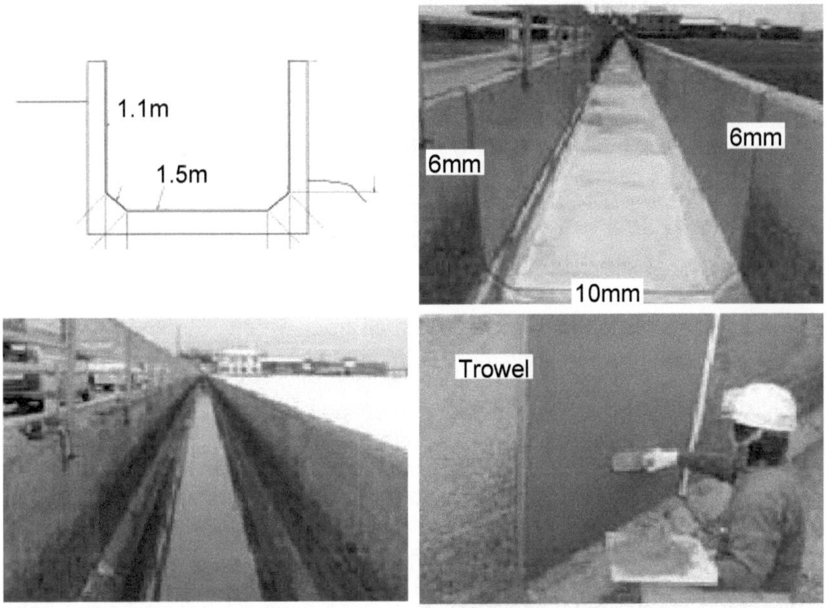

Abb. 7 *Oberflächeninstandsetzung eines Bewässerungskanals; Applikation von Hand mit Maurerkelle*

Figure 7 *Surface repair for a concrete irrigation channel (trowel)*

Waterjet was used for substrate treatment to remove deteriorated mortar. Recesses in the masonry sidewall of the Seridanno Channel were filled with mortar. SHCC was troweled and sprayed at the Central Main Channel and Seridanno Channel, respectively, in 2005 to thicknesses of 6 and 10mm for sidewalls and bottom slabs, respectively. The work speed of spraying was two to three times higher than that of troweling.

Conventional repair mortar and ultrahigh strength polymer mortar were also used at the Central Main Channel for comparison with SHCC. Cracks were observed on conventional mortar and ultrahigh strength polymer mortar one month after application, whereas no cracking was found on SHCC.

3.5 Surface repair of a retaining wall

Because of the small crack widths, SHCC is suitable for improvemnt in the appearance of the cracked concrete surfaces.

A gravity concrete retaining wall in Gifu measuring approximately 18m in width and 5m in height was constructed sometime around 1970. Cracks were grouted with a resin after developing in the wall due to an alkali-aggregate reaction, and the wall surface was coated in 1994. As the coating also cracked, the wall was subjected to surface repair by spraying using SHCC and other materials in 2003 [2] (Fig. 8). The wall was divided into nine blocks on which different types of repair were carried out. These were combinations of three repair materials (two SHCCs and one repair mortar), three reinforcement levels (welded wire mesh, expanded metal, and no reinforcement), and two crack treatment levels (with and without sealing to increase the bondless areas). The wall surface was chipped off by a few millimeters using a waterjet. Acrylic resin coating was applied to the repaired surface in the area from the bottom of the wall to a height of 2m. A spraying thickness of 50 to 70mm was adopted to accommodate the reinforcement. The residual expansion of concrete cores drilled from the wall was low, ranging from 0.005 to 0.011%.

No cracking was observed until seven months after repair by means of SHCC. The crack widths then developed to not more than 0.05 and 0.12mm at 10 and 24 months after repair, respectively. Figure 9 shows the state of cracking 12 months after repair. Meshes of fine cracks were similarly observed. Cracking was more difficult to observe 24 months after repair rather than 12 months, being obscured by dirt accumulating on the surface. On the other hand, cracking was visually observed on repair with normal repair mortar (Block 9) one month after repair, with crack widths developing to 0.03, 0.2, and 0.3mm at 3, 10, and 24 months after repair, respectively.

3.6 Surface coating of viaducts

Owing to its low air- and water-permeability due to small crack widths, SHCC surface repair is expected to retard carbonation of concrete structures.

Surface protection with film-type lining may be applied to railway viaducts, for which long-range durability is required, for proactive maintenance against carbonation. However, such lining is prone to early cracking due to the opening and closing action of concrete under the loads of railway traffic. To cope with this, trial spraying of SHCC was applied to a thickness of 10mm to viaduct girders having bending cracks for the purpose of surface protection in 2005 (Fig. 10). The crack-following behavior of the material is under observation. Anchors were used to ensure bonding between the base concrete and SHCC.

Prior to the trial spraying, alternate loading tests were conducted with small stress amplitudes to assume railway traffic loading on reinforced concrete beams having bending cracks, with SHCC sprayed onto the bottom surfaces [3]. After alternate loading for 17 million cycles, the crack width of reinforced concrete beams with SHCC sprayed was 0.13mm, half that of beams without SHCC (0.25mm), proving the effect of SHCC. The carbonation-suppressing effect of SHCC sprayed onto existing concrete surfaces was also confirmed by accelerated carbonation testing [4].

Abb. 8 *Oberflächeninstandsetzung einer Betonstützwand*
Figure 8 *Surface repair for a concrete retaining wall*

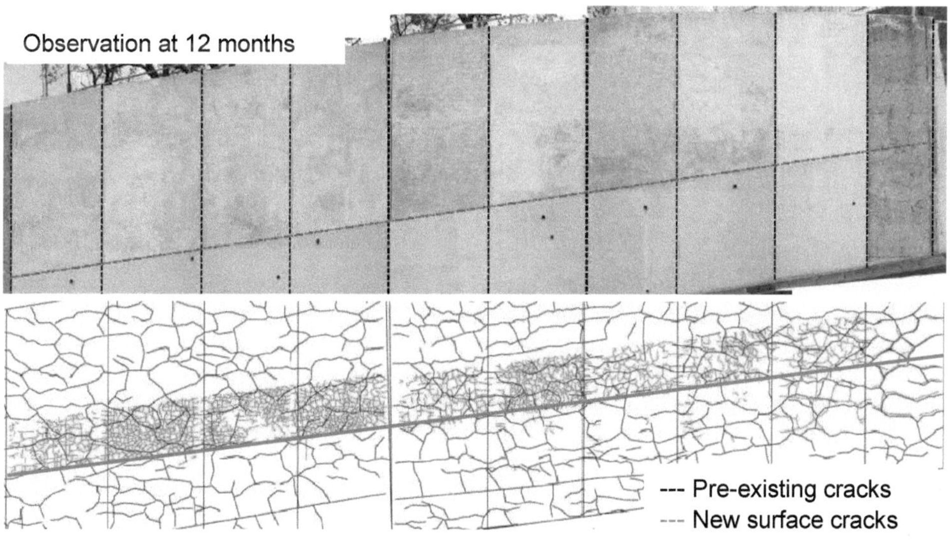

Abb. 9 *Rissbild*
Figure 9 *Crack map*

Abb. 10 *Oberflächenbeschichtung (Verstärkung) bei einem Eisenbahnviadukt*
Figure 10 *Surface coating of a railway viaduct*

4 Construction

Currently used SHCC is placed by casting and spraying. It is cast mostly into precast products at plants or into forms of structures on the job site. Spraying of SHCC is mostly applied to repair, coating, and patching of existing structures.

When casting or spraying SHCC, it is important to ensure the uniformity and continuity of fibers at interfaces between layers and where two flows meet as shown in Fig. 11. When a construction joint is inevitable in SHCC, its position should be optimized and its angle should be sufficiently small (not more than 30°) to avoid failure at such a joint. Shear keys should be provided as required.

SHCC's key performances include its workability while fresh, cracking properties, tensile properties and water permeability after hardening. Its high viscosity is apt to cause air entrapping. Excessive air content can adversely affect SHCC's cracking properties, tensile properties and water permeability, but these can be indirectly controlled by controlling its density while fresh.

The tensile and cracking properties of SHCC should normally be determined by uniaxial tension testing. However, bending test results may be adopted for quality control purposes instead of tension test results, provided their relationship has been established.

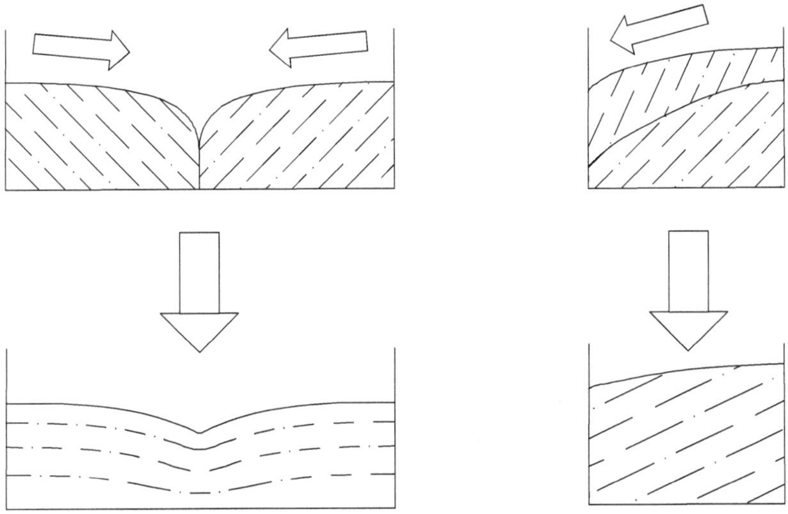

Abb. 11 *Einbau von SHCC*
Figure 11 *Placement of SHCC*

5 Design

In contrast to normal concrete, SHCC is expected to bear tensile forces, arrest cracks, and improve the durability of structures. For this reason, the following are important for the design of SHCC structures:

- Tension test method
- Tensile stress-strain relationship
- Crack width and crack spacing under tensile forces
- Durability of structures incorporating steel and SHCC

Among the various methods of transmitting tensile forces to specimens that have been devised for tension testing of SHCC, dumbbell shaping of specimens is most widely used. This is characterized by the narrowed tension test area and the enlarged force-transmitting ends. When transmitting forces by friction at force-transmitting parts, testing is facilitated by reducing the size or thickness of specimens, thereby reducing the ratio of the cross-sectional area to the surface area of specimens.

It is necessary to establish the method of appropriately determining the design values from the measured tensile stress-strain relationship in consideration of safety while taking the scatter of test results into account (Fig. 12). The information on the changes in the crack width (particularly the maximum value) resulting from the changes in the tensile strain and the state of crack distribution is also necessary for design. When combining steel with SHCC, the corrosion-inhibiting effect of SHCC should be clarified. In contrast to macrocell corrosion in normal concrete, steel in SHCC with multiple fine cracks undergoes microcell corrosion, which is expected to develop more slowly than macrocell corrosion.

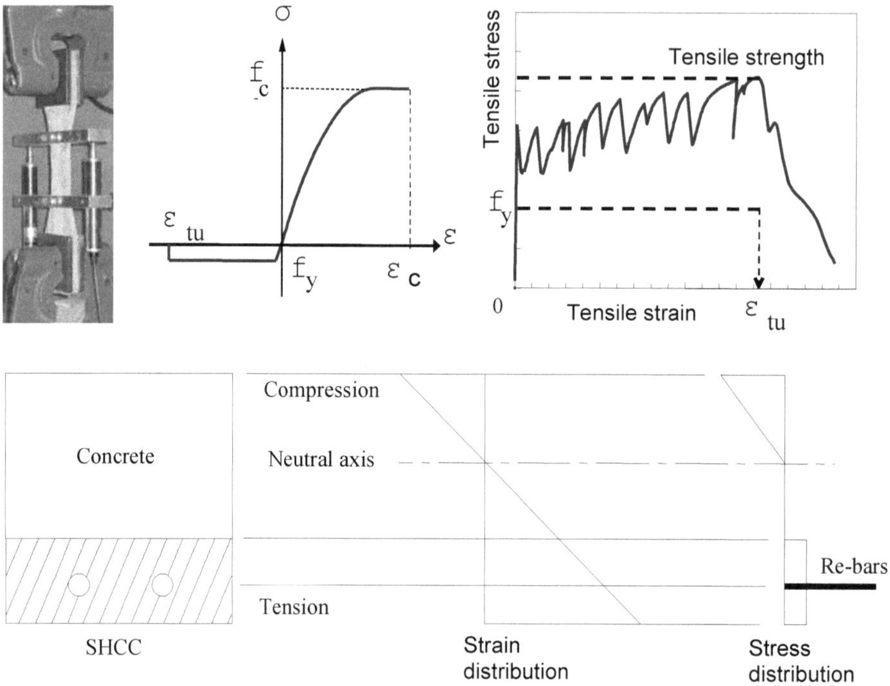

Abb. 12 *Bemessung von SHCC-Bauteilen*
Figure 12 *Design of SHCC structures*

6 Conclusion

SHCC has been applied to bridge decking and building dampers in Japan, making use of its excellent mechanical performance. It has also been used for surface repair of concrete dams, water channels, and retaining walls utilizing of its finely distributed cracking behavior. Examples of such applications have been introduced in this paper. It is expected that SHCC will find wider applications including tunnel lining making use of its cutoff performance and mechanical properties, application to rock sheds and continuous slabs with reduced or no joints utilizing its large deformability with high energy-absorptivity, and application with its cutoff performance and durability improved by an additional overlay of a water repellent or coating on SHCC surfaces.

The increasing number of SHCC applications necessitates the establishment of recommendations for its design and construction. A draft of such recommendations will be formulated by July 2006 by a subcommittee organized under the Concrete Committee of JSCE. It intends to make the recommendations conform to the system of the performance-oriented JSCE Standard Specifications for Design and Construction of Concrete Structures, while making them consistent with the Recommendations for Design and Construction of Ultrahigh Strength Fiber-reinforced Concrete Structures. It is also planned that the recommendations be used as a draft for the Technical Committee (TC HFC) of the International Union of Laboratories and Experts in Construction Materials, Systems and Structures (RILEM).

SHCC is an excellent material in terms of the tensile performance and cracking performance when compared with conventional concrete. It is however not an all-purpose material and has weaknesses. It should therefore be used so as to make the most of its characteristics. After cracking, tensile forces are fransfered by fibers at cracks. Therefore, when SHCC is subjected to compressive forces after cracking and re-subjected to tensile forces, its tensile properties have not been fully elucidated.

The role of the activities of Japan Concrete Institute (JCI) and JSCE, involving not only researchers and contractors but also owners of structures, is deemed essential for spreading the word of the new material having excellent properties. It is also important to describe SHCC in easily understandable expressions (particularly its name) that it is not a special material but one made by reducing the crack width and improving the ductility of conventional fiber-reinforced mortar so that it can withstand tensile forces.

7 References

[1] JSCE Subcommittee on SHCC: Evaluation and Utilization of Strain Hardening Cementitious Composites with Multiple Fine Cracks, Japan Society of Civil Engineers, July 2005 (in Japanese).

[2] Rokugo, K., Kunieda, M. and Lim, S. C.: Patching Repair with ECC on Cracked Concrete Surface, Proceedings of the Third International Conference on Construction Materials, Vancouver, August 2005.

[3] Inaguma, H., Seki, M., Suda, K., and Rokugo, K.: Experimental Study on Crack-Bridging Ability of ECC for Repair Under Train Loading, Proceedings of the International Workshop on High Performance Fiber Reinforced Cementitious Composites in Structural Applications, Hawaii, May 2005.

[4] Suda, K. and Rokugo, K.: Anti-Carbonation Process Utilizing Direct Sprayed ECC Applying to Railway Viaduct Involving Flexural Fatigue Cracks, Concrete Journal, JCI, Vol.43, No.5, pp.162-167, May 2005 (in Japanese).

***ibidem*-Verlag**
Melchiorstr. 15
D-70439 Stuttgart

info@ibidem-verlag.de

www.ibidem-verlag.de
www.edition-noema.de
www.autorenbetreuung.de